理工科电子信息类DIY系列丛书

电路与信号系统实验教程

陈雪勤 林 红 孙 兵 陈中悦 周 怡 编著

苏州大学出版社

图书在版编目(CIP)数据

电路与信号系统实验教程 / 陈雪勤等编著. --苏州：苏州大学出版社，2023.1
(理工科电子信息类 DIY 系列丛书)
ISBN 978-7-5672-4222-7

Ⅰ.①电… Ⅱ.①陈… Ⅲ.①电路－实验－高等学校－教材 ②信号系统－实验－高等学校－教材 Ⅳ.①TM13－33 ②TN911.6－33

中国国家版本馆 CIP 数据核字(2023)第 006775 号

内 容 简 介

本书是理工科电子信息类 DIY 系列丛书之一。

本书可作为电路基础、信号与系统等课程的实验指导教程。全书将电路仿真与实验内容融会贯通。第一章介绍了 Multisim 软件的使用方法;第二章包括 8 个电路实验;第三章包括 3 个信号系统实验;第四章包括 9 个综合实验;附录部分介绍了实验所用仪器设备的特点和使用方法以及实验报告要求和样稿。

本书旨在引导学生将理论与实际应用相结合。书中前面部分的每一个实验内容是具体理论的应用,后面部分的设计实验则是对电路、信号系统知识的综合应用,难度逐渐增加。书中每部分独立成篇,不依赖于具体教材。本书不仅可作为高校电子专业的实验教材,而且可作为相关专业技术人员的参考书。

电路与信号系统实验教程
陈雪勤　林　红　孙　兵　陈中悦　周　怡　编著
责任编辑　肖　荣

苏州大学出版社出版发行
(地址：苏州市十梓街 1 号　邮编：215006)
苏州工业园区美柯乐制版印务有限责任公司印装
(地址:苏州工业园区双马街 97 号　邮编:215121)

开本 787 mm×1 092 mm　1/16　印张 10　字数 250 千
2023 年 1 月第 1 版　2023 年 1 月第 1 次印刷
ISBN 978-7-5672-4222-7　定价：39.00 元

图书若有印装错误,本社负责调换
苏州大学出版社营销部　电话：0512-67481020
苏州大学出版社网址　http://www.sudapress.com
苏州大学出版社邮箱　sdcbs@suda.edu.cn

前　言

电路基础、信号与系统是高校电子专业的两门重要的专业基础课程，具有理论应用性与技术实践性相结合的特点，其中实验教学是整个教学过程中的重要环节。

为了满足新工科人才培养和卓越工程师计划的要求，围绕“以教学科研为依托，以实验教学为平台，以信息技术为手段，以能力培养为目标”的实验教学总体改革思路，本书在实验内容方面将传统内容与新技术有机地融合，由过去以验证性实验为主转为以设计性、综合性实验为主。

本书的特点是实验内容层层递进。首先通过 Multisim 软件的教与学，通过仿真模拟一些经典电路使学生掌握仿真软件的使用方法；然后以电路与信号系统的单项实验为基础实验内容，使学生初步建立和掌握电路与信号系统实验的基本规范，促进学生对电路与信号系统课程中相关定理以及基础概念进行深度思考与分析；综合设计实验部分则强调综合应用，教师可根据学生所选的课题指导学生开展一个较为完整的设计与分析流程，包括查阅资料、电路原理图设计、电路仿真、电路焊接与测试、数据分析。采用分组完成实验项目的形式，提高学生分析与解决问题的能力及团结协作的能力。强调动手能力，在仿真实验的基础上，所有实验的电路板都由学生焊接，提高学生动手操作的能力和学习兴趣。在综合设计部分，鼓励学有余力的同学设计制作 PCB 完成电路，为学生今后的电路版图设计打下扎实的基础。鼓励学生创新，注重培养学生的逻辑思维能力、创新能力、规划设计能力和组织运用能力。

本书共 4 章。第一章包括 EDA 软件 Multisim 的基本界面、常用工具的介绍。第二章包括 8 个电路实验：戴维南定理、叠加定理与置换定理、运算放大器电路、一阶电路的动态响应、二阶电路的动态响应、串联谐振电路、三相交流电路的基本测量、线性无源二端口网络的参数测量，涵盖了电路课程的主要知识点。第三章包括 3 个信号系统实验：周期信号的时域及其频域分析、无源滤波器与有源滤波器、信号通过线性系统的特性分析，涵盖了信号系统课程的主要知识点。第四章包括 9 个综合实验：音频功率放大电路、电容 C 的测量、电感 L 的测量、升压与降压电路、稳流电源、方波发生电路及滤波电路、正弦波发生电路及移相电路、温度-频率转换电路、温度测量及报警电路。附录部分介绍了实验所用仪器设备的特点和使用方法以及实验报告要求和样稿。

基于理论与实践并重的思想，书中每个实验都由理论与实验两部分组成。理论部分除了对实验的原理作必要的介绍外，还对实验方法作了详细的阐述。实验方法中介绍了实验需要做什么，以及如何去做，并阐述它们之间的关系。这些方法不同于刻板的实验步骤，具有一定的通用性。实验部分又分为仿真和电路焊接与测试两部分。在内容的安排上仿真部分注重对学生软件操作技能的训练；电路焊接与测试部分重点培养学生的实验技能，使学生掌握电路板的制作及数据的采集、处理和各种现象的观察、分析方法。综合实验部分仅提供设计要求，旨在提升学生自主设计制作电路的能力。为方便读者使用，对每个实验都提出了详细的要求，给出了仿真电路和数据处理方法指导。

本书是在苏州大学电子信息学院相关老师的共同努力下编写完成的，在此深表感谢。由于编者水平有限，书中难免存在不妥和疏漏之处，衷心欢迎广大读者和同行批评、指正，提出改进意见，以便今后修订提高。

编　者

2022 年 10 月

Contents

目录

引 言

实验须知

一、实验概述

在实际工作过程中,可能会产生一个新的想法,这样就需要采用某些手段或方法进行验证,实验就是最重要的验证手段。实验的一个很重要的特点,就是可以设置一定条件,让某一种现象重复出现。另外,在学习过程中,通过实验可以使我们加深对理论知识的理解,并利用学到的知识去解决实际问题,培养实践能力。实验过程中,必须坚持严格、严谨的科学态度。

实验现象都是客观的,因此实验现象是没有对错的,只要判断它和我们的预期是否一致。若不一致,原因只可能有两个:我们的想法是错的,或者实验条件不满足我们的预期要求。

实验过程中碰到各种意外情况都是正常的,只是我们要对此作出合理的解释,并找到原因。

二、实验任务

每个实验都有明确的目的,或是为了验证某个定理,或是根据实验结果发现某些变量之间的某种关系。实验的任务就是根据实验目的,设计合理的方案,并规划好实验步骤以及所需的仪器设备。

教学实验中,一般事先给定了实验方案,因此同学们要做的是理解方案的合理性,当然也可以在现有的实验条件下,自己设计方案。在实验过程中,一定要认真做好各项数据的记录工作。实验数据主要包括元器件的实际参数和电路结构、电源电压值,以及输入/输出信号的值或波形等。对实验所用仪器的精度等级、测量范围等都要作翔实记录。实验结束后,要对数据作一定处理,利用各种方法消除或减小误差,从数据中发现和总结规律。

三、实验过程

实验过程分为三个阶段:实验前、实验中和实验后。下面分别介绍各阶段需要做的工作。

1. 实验前。

认真阅读实验教材,明确实验目的;对实验电路进行分析及理解;明确测量仪器的使用方法和注意事项;根据实验原理和方法理解实验步骤,清楚实验每一阶段需要测量的数据,并对数据的范围进行必要的理论计算。对于设计性实验，在预习时必须设计好实验电路、拟定实验步骤，并选择合适的测量仪器。

在阅读、理解实验原理的基础上写出预习报告(预习报告应包括实验名称、步骤、电路图和接线图、实验操作中的注意事项等)，并准备好数据记录纸，画好记录数据的表格。

2. 实验中。

实验时首先要熟悉实验环境，了解实验板的布局与功能，并检查实验仪器和附件是否齐全。实验操作大致可分为接线、查线、测试及数据记录等几个阶段。

(1) 接线。

在对实验电路理解的基础上，根据电路图进行接线。接线是实验中非常关键的步骤，初次接触电路实验者，经常因为接线错误浪费很多时间。

接线时最好按照一定的顺序进行，一般从电源的一端开始，一条支路一条支路地接线，最后回到电源的另一端。对于复杂的电路，可以将之分成几个功能相对独立的模块，一个模块一个模块地接线。

在接实验仪器时，要注意区分不同的输入或输出端子，并注意仪器的量程与使用方法。例如，电流表只能串联在电路中，否则不但破坏电路结构，也会损坏仪器。

注意：不能电路一接好，就马上打开电源。必须对连接电路进行检查，确认无误后方可上电。

(2) 查线。

无论是简单还是复杂的电路，在接线过程中都可能发生错误。在接线完成后，必须对接线进行检查，检查各模块和各支路是否连接正确。查线的方法和接线的方法是一致的。如果实验两人一组，最好一人接线，一人查线。

(3) 测试。

接上电源后，对关键点的信号进行测量，并与预先分析的理论值进行比较，确保电路正常工作。调节输入信号，检测输出信号。调节输入信号时，应用测量仪器进行校准，确保输入信号准确无误。

在测量前应对指针仪表调零，有些仪表在换挡时也要调零(例如：指针万用表电阻挡)。

(4) 数据记录。

在记录输入和输出信号时，应同时记录仪表的挡位和显示值，并注意单位。注意开关和按钮的位置。例如，示波器的幅值同时和好几个按钮及开关有关，如幅值挡位开关、幅值微调旋钮、测量探头上的衰减开关等。

在记录曲线时，为了完整反映整体形状，应在曲线变化大的地方多记录些数据点。只有曲线是直线时，数据点才平均分布。要记录波形关键点的幅值和时间值。

若测量时发现不正常现象，应如实记录，并查找原因。排除故障后继续测量，直到认为正确无误后方可结束实验。

若不能确定实验数据是否完整和正确，要保留电路，以便重新测量。

3. 实验后。

实验后必须对实验数据进行分析，用适当的图表来表示。图表应方便他人直观地看出数据所表示的特性，总结规律，并对相关的理论或定理加以验证。

在实验时应如实地记录实验中的现象和结果，在实验后并不是照搬原始记录，而是要认

真整理各种数据。对实验数据进行科学分析，以修正实验时人为或仪器所造成的误差。在实验报告中要详细记录各种数据，并表明哪些是原始记录数据，哪些是计算数据，计算的公式和原理是什么。

对实验结果说明的问题进行讨论，从实验中得出结论或提出自己的见解是实验报告中的核心部分。

四、实验故障及排除

在实验过程中由于种种原因，可能会出现各种各样的故障，要较快地排除故障必须有扎实的理论功底和熟练的实验技能。

1. 故障原因。

故障原因大致分为以下几种：

(1) 开路故障，就是常说的接触不良。例如，接线不可靠、元件引脚折断等。表现为某点有信号，而周边的点却没有信号。

(2) 短路故障，就是连接线之间或和其他元件管脚相接触，其表现为信号急剧变大，可能会使保险丝熔断或元件被烧坏。

(3) 其他故障，比如由于器件老化、信号源或电源与标称值偏差太大等引起的故障，故障现象较难预测，没有规律。此时理论分析会有所帮助。

2. 故障排除。

在实验过程中碰到异常现象，不要惊慌，首先关掉电源，再根据现象分析可能的原因，并用一定的方法验证自己的预测，直到故障排除。一定要等故障排除后方可恢复供电。排除故障的方法一般有以下几种：

(1) 测量电阻法。用万用表的欧姆挡测量元件和接线的电阻，可以查出是否有短路或断路的情况，这是最常用的方法。

(2) 加电测量法。对故障加电的前提是，加电不会损坏设备和器件。加电后用万用表测量各点的电压或电流，或用示波器测量各点的信号波形。把测量值和理论值进行比较，根据测试信号是否正常来缩小故障范围。

以上是排除故障的一般方法，在实验时要结合具体情况具体分析，并不断积累经验，学会用理论知识对故障现象和原因作出分析，这样才能举一反三，不断提高实验能力。

五、数据测量

1. 什么是测量？

所谓测量，就是把被测物理量与另一作为单位的同类标准量直接或间接比较，判断被测量是标准量的多少倍，从而确定被测量的大小。

例如，测得电压为 220 V，即被测电压是以伏为单位量的 220 倍。

测量通常可分为直接测量和间接测量。一般都采用直接测量，只有在直接测量不方便、误差大或缺乏直接测量的仪器等情况下才采用间接测量。此外，在这两类基础上还发展了一类组合测量，通过解方程的形式可求出未知量。

2. 测量误差及其消除。

我们把被测量的实际大小称为真实值,把测量结果称为测量值,把在测量过程中因使用的仪器、采用的方法、所处的环境以及人员操作技能等多种因素影响所造成的测量值与真实值间存在的误差统称为测量误差。测量误差用绝对误差或相对误差表示,绝对误差为测量值与真实值之差,相对误差为绝对误差占实际值的百分比。

事实上,真实值是无法测量得到的,一般用具有更高准确度的仪表的测量值来代替。绝对误差一般使用修正值给出,修正值为绝对误差的负值。修正值在校准仪器时以数据表格或曲线的形式给出,使用时可通过查表获取与测量值对应的修正值,而真实值就是测量值与修正值之和。

相对误差能够表明某项测量的准确度,但用相对误差来表示仪表的测量精确度并不方便,因为测量值是变化的。为了划分仪表的精确度,统一规定使用绝对误差占仪表的满度值,称为满度相对误差。

测量误差按性质分为三类:系统误差、随机误差以及粗大误差。

系统误差具有一定的规律性。凡在一定条件下对同一物理量进行多次重复测量时,其值不随测量次数变化的误差,或者按一定规律变化的误差,称为系统误差。系统误差无法通过数据处理消除,必须严格操作规范和保证仪表的工作状态等。系统误差的存在会直接导致测量值的准确度下降。

随机误差具有随机性。凡在一定条件下对同一物理量进行多次重复测量时,其值具有随机特性的误差,称为随机误差。绝大多数的随机误差符合正态分布规律,出现正负误差的机会均等,具有对称性。一般通过多次测量可减小或消除随机误差。

粗大误差是因仪器故障、测量者操作、读数、计算、记录错误,或存在不能容许的干扰导致的。这种误差通常数值较大,明显地超出正常条件下的系统误差和随机误差。粗大误差一般能够及时被发现和纠正。凡含有粗大误差的数据被称为坏值,应剔除不用。

六、数据处理

1. 测量数据和有效数字。

直接测量数据是从测量仪表上直接读取的,读取数据的基本原则是允许最后一位有效数字(包括 0)是估计的欠准数据。测量结果中有时会出现多余的有效数字,此时应按如下原则处理:若大于 5 则入;若小于 5 则舍;若等于 5,可根据前面数据的奇偶决定,是奇则入、是偶则舍。

间接测量数据,运算结果一般由参与运算中精度最差的那个数来决定。

2. 测量数据的处理。

单次测量结果的表达,除测量值外还需标明测量值的百分误差。百分误差使用仪表的等级误差,如 1.5 级仪表,表示满度相对误差为 1.5%。一般情况下,用同一挡位测量时,指针越接近满度值,测量越精确。

重复多次测量数据的处理中,当对测量精度要求较高时,通常要采用多次等精度测量并求平均值的方法,这种方法对减小随机误差有效,却不能减弱系统误差。因此,在测量前应尽可能消除引入系统误差的各种影响因素,以提高测量精确度。

3. 多点曲线的处理。

以直角坐标系为例，根据离散的测量数据绘制出表明这些数据变化规律的曲线，并不是简单地在坐标图上把所有相邻的数据点用直线连接。由于测量数据中总会包含误差，如果曲线通过所有数据点，无疑会保留一切误差。因此曲线的绘制，不是保证它通过每一数据点，而是找出能反映数据变化趋势的光滑曲线，称为曲线拟合。

在要求不严时，拟合曲线的最简单方法就是观察。人为地画出一条光滑曲线，使所有数据点均匀地分布在曲线两侧。这种方法的缺点是不精确，不同人画出的曲线会有较大差别。

工程上最常用的方法是分段平均法。先把所有数据点在坐标图上标出，然后根据数据分布情况，把相邻的 2～4 个数据点划为一组，再求每组数据的几何中心，最后把这些中心点连接成一条光滑的曲线。这种方法可以抵消部分测量误差。

在精度要求相当高的情况下，可采用最小二乘法进行数据的曲线拟合。最小二乘法可以保证所有数据点离曲线的距离和最小，这种方法需要用计算机编程实现。

另外，也可以使用 Excel 中的图表工具，使用其中曲线平滑的功能来自动绘制曲线。

第一章 EDA软件Multisim的基本操作

第1节 Multisim概述

1.1 Multisim简介

EDA是电子设计自动化(Electronics Design Automation)的英文缩写,依靠EDA软件可以实现各类电子系统的设计、仿真、版图绘制,最终完成特定功能芯片或者电路板的设计。本书介绍的Multisim软件是美国国家仪器有限公司(National Instruments,简称NI)提供的从电路仿真设计到版图生成全过程的EDA平台,它的前身是虚拟电子工作台(Electronics Workbench,简称EWB)。与其他EDA软件相比,Multisim界面直观、操作方便,创建电路所需的元器件及电路仿真需要的测试仪器均可以直接从屏幕抓取,且元器件和仪器的图形与实物外形接近,仪器的操作开关、按键也与实际仪器极为相似,因此特别适合电子类专业开展综合性的设计和实验,有利于培养学生的综合分析能力、开发和创新能力。

目前Multisim有6.0～14.0不同的版本,本书以Multisim 14为基础,对Multisim的部分功能进行介绍,包括Multisim的文件操作、电路的创建、仪器仪表的使用、电路的分析等,更全面的介绍和应用请参阅有关图书资料。

1.2 Multisim 14的主要特点

丰富的元器件库。元器件数量达16 000多个。常见的模拟、数字、混合电路器件,以及开关、显示等器件,均可以从元器件库中获得。

灵活方便的原理图输入工具,用户只需要单击鼠标就可以完成电路的设计和仿真。

内置功能强大的SPICE仿真器。能对模拟电路、数字电路、数模混合电路和射频电路进行交互式的仿真。

虚拟仪器测试和分析功能。20多种虚拟仪器和分析功能为电路性能的测试和分析提供了强有力的支持。

支持微控制器(MCU)仿真。能实现基于MCU的反偏激系统仿真,方便复杂控制系统的设计,拓宽了电路仿真的应用范围。

支持用梯形图语言编程设计的系统仿真,增加了对工业控制系统仿真的支持。

1.3 Multisim的设计流程

采用Multisim 14进行电路设计的一般流程如图1.1.1所示。

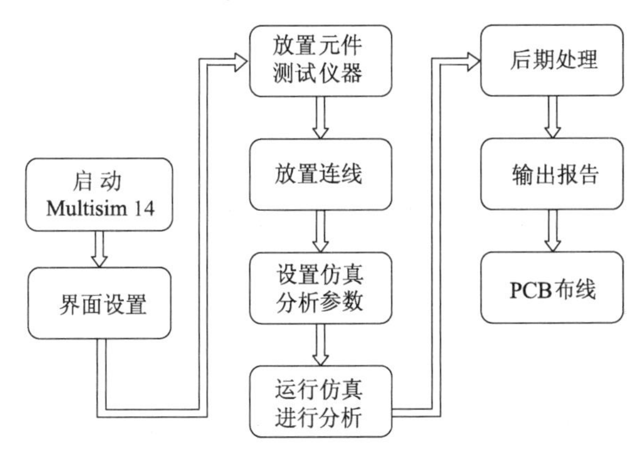

图1.1.1 设计流程框图

1.4 Multisim的图形界面

1. Multisim的启动。

在安装有Multisim 14的计算机上单击"开始"→"所有应用"→"NI Multisim 14.0",即可完成Multisim软件的启动。或者在计算机的桌面上双击Multisim图标也可完成Multisim软件的启动。启动后Multisim 14的主界面如图1.1.2所示,包括菜单栏、常用工具栏、元器件工具栏、仿真开关、电路工作区、仪器工具栏、设计工具箱等,可视为一个虚拟的电子实验平台。

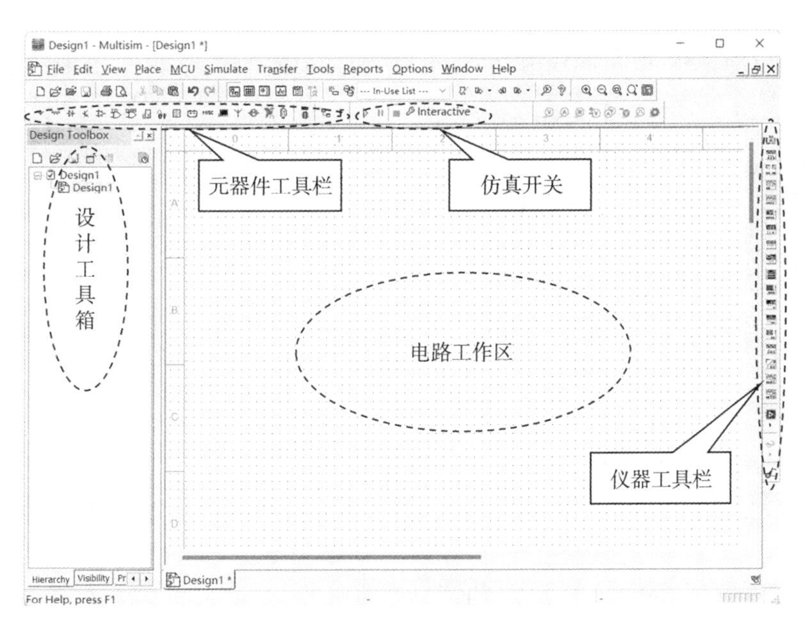

图1.1.2 Multisim 14的主界面

屏幕中央最大的窗口就是电路工作区，在电路工作区的上方是菜单栏和工具栏，从菜单栏可以选择电路编辑、分析、测试等各种操作命令；工具栏包含常用的操作按钮，元器件工具栏中存放各种电子元器件，从中可以选择实验所需的元器件类型和参数，单击“OK”后移动鼠标在电路工作区合适的位置单击鼠标右键即完成元件的摆放。电路工作区的右侧是仪器工具栏，用鼠标选中实验所需的测试仪器并移动到电路工作区合适的位置，单击鼠标右键即完成仪器的摆放。在摆放元器件和仪器之前，通过快捷键可以完成翻转和旋转；元器件和仪器摆放之后，可以通过拖动改变元器件和仪器的位置，通过编辑设置元器件和仪器的参数，完成元器件和仪器的翻转与旋转等。

2. Multisim 14 的菜单。

Multisim 14 的界面和操作与 Windows 的界面和操作极其类似。Multisim 14 软件包含 12 个菜单，分别是 File（文件）（图 1.1.3）、Edit（编辑）（图 1.1.4）、View（查看）（图 1.1.5）、Place（放置）（图 1.1.6）、MCU（单片机）（图 1.1.7）、Simulate（仿真）（图 1.1.8）、Transfer（传送）（图 1.1.9）、Tools（工具）（图 1.1.10）、Reports（报告）（图 1.1.11）、Options（选项）（图 1.1.12）、Window（窗口）（图 1.1.13）、Help（帮助）（图 1.1.14）。这些菜单包含 Multisim 14 提供的所有操作命令。在汉化的 Multisim 14 软件中，通过“Options”菜单中的“Global Preferences”命令可以设置中文界面，重新启动后即为中文菜单。

图 1.1.3　File（文件）菜单

图 1.1.4　Edit（编辑）菜单

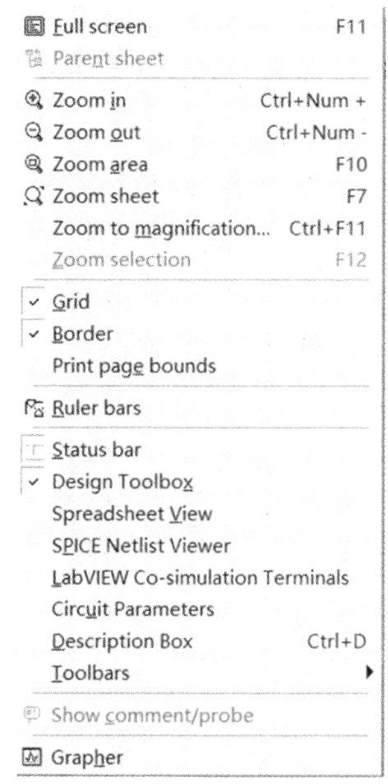

全屏
显示子电路节点
放大电路
缩小电路
缩放区域
缩放页面
设置缩放比例
缩放所选内容
显示网格
显示边框
打印页面边界
显示标尺栏
显示状态栏
设计工具箱
元器件属性窗口
SPICE 网表查看器
LabVIEW 协同仿真终端
电路参数
电路描述工具箱
显示工具箱
显示注释 / 探针
显示图形编辑器

图 1.1.5 View(查看)菜单

Component...	Ctrl+W	放置元器件
Probe		放置探针
Junction	Ctrl+J	放置节点
Wire	Ctrl+Shift+W	放置导线连接线
Bus	Ctrl+U	放置总线
Connectors		放置连接器
New hierarchical block...		新建分层模块
Hierarchical block from file...	Ctrl+H	从文件获取分层模块
Replace by hierarchical block...	Ctrl+Shift+H	用分层模块取代所选电路
New subcircuit...	Ctrl+B	新建子电路
Replace by subcircuit...	Ctrl+Shift+B	用子电路取代
Multi-page...		产生多页电路
Bus vector connect...		总线矢量连接
Comment		注释
Text	Ctrl+Alt+A	放置文字
Graphics		放置图形
Circuit parameter legend		电路参数图例
Title block...		放置标题信息栏

图 1.1.6 Place(放置)菜单

MCU 元件
调试视图格式
MCU 窗口
行号
暂停
跳入
单步
跳出
运行至光标处
锁定断点
删除所有断点

图 1.1.7 MCU(单片机)菜单

运行
暂停
停止
分析与仿真
放置仪器
混合模式仿真设置
探针设置
反转探针方向
定位参考探针
NI ELVIS Ⅱ 仿真设置
后处理
打开仿真错误窗口
打开 XSPICE 命令行界面
加载仿真设置
保存仿真设置
自动故障选项
清除仪器数据
使用元件误差值

图 1.1.8 Simulate(仿真)菜单

Transfer to Ultiboard	电路图传送给 Ultiboard
Forward annotate to Ultiboard	正向注释到 Ultiboard
Backward annotate from file...	从文件反向注释
Export to other PCB layout file...	导出到其他 PCB 布局文件
Export SPICE netlist...	导出 SPICE 网表
Highlight selection in Ultiboard	高亮显示 Ultiboard 的选中元件

图 1.1.9 Transfer(传送)菜单

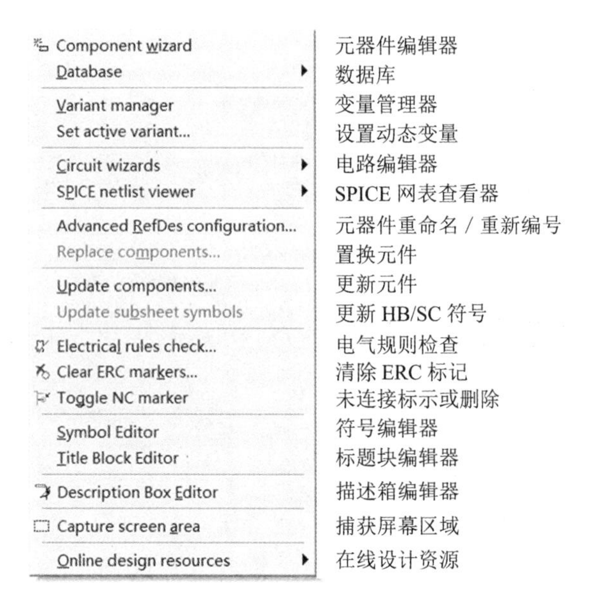

元器件编辑器
数据库
变量管理器
设置动态变量
电路编辑器
SPICE 网表查看器
元器件重命名/重新编号
置换元件
更新元件
更新 HB/SC 符号
电气规则检查
清除 ERC 标记
未连接标示或删除
符号编辑器
标题块编辑器
描述箱编辑器
捕获屏幕区域
在线设计资源

图 1.1.10　Tools(**工具**)**菜单**

元器件清单
元器件详细报告
网表报告
元器件交叉表报告
简要统计报告
电路中剩余门电路报告

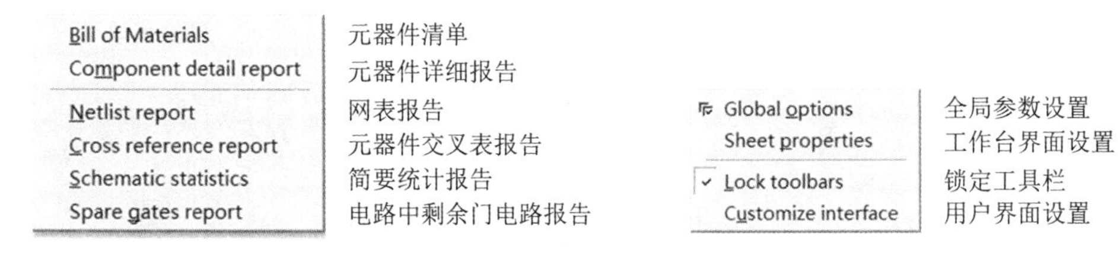

图 1.1.11　Reports(**报告**)**菜单**

全局参数设置
工作台界面设置
锁定工具栏
用户界面设置

图 1.1.12　Options(**选项**)**菜单**

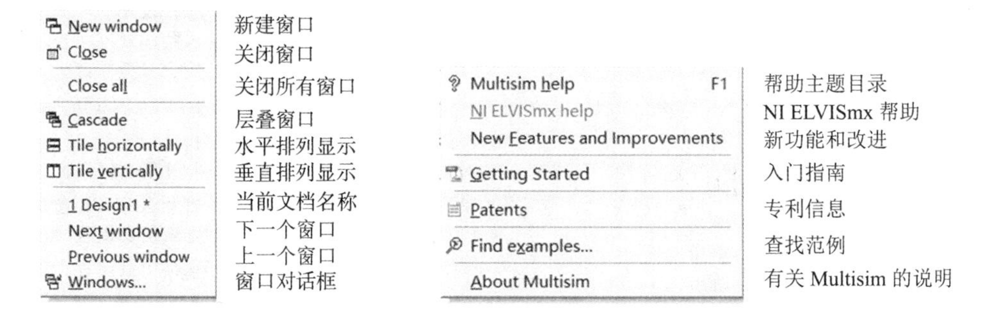

新建窗口
关闭窗口
关闭所有窗口
层叠窗口
水平排列显示
垂直排列显示
当前文档名称
下一个窗口
上一个窗口
窗口对话框

图 1.1.13　Window(**窗口**)**菜单**

帮助主题目录
NI ELVISmx 帮助
新功能和改进
入门指南
专利信息
查找范例
有关 Multisim 的说明

图 1.1.14　Help(**帮助**)**菜单**

3. 工具栏。

Multisim 14 工具栏主要包括主工具栏、元器件工具栏和虚拟仪器工具栏等。工具栏是浮动窗口，对于不同的用户显示会有所不同。用户可以随意拖动工具栏，也可以通过在工具栏上单击右键或者通过单击“View”→“Toolbars”菜单项显示/隐藏指定的工具栏。主工具栏(Main Toolbar)如图 1.1.15 所示，元器件工具栏(Components Toolbar)如图 1.1.16 所示，虚拟仪器工具栏(Instruments Toolbar)如图 1.1.17 所示。

图 1.1.15　**主工具栏**(Main Toolbar)　　图 1.1.16　**元器件工具栏**(Components Toolbar)

图 1.1.17　**虚拟仪器工具栏**(Instruments Toolbar)

4. 界面设置。

Multisim 14 按默认的界面设置启动，用户如果需要更改，可以通过图 1.1.12 所示的

Options 菜单重新设置。

单击“Global Preferences”，弹出如图 1.1.18 所示的对话框。其中，Symbol standard 区域是元器件符号模式的设置。ANSI Y32.2 项表示采用美国标准元器件符号，IEC 60617 项表示采用欧洲标准元器件符号。我国元器件符号和欧洲标准相同，本书采用 IEC 60617 选项。

单击“Sheet Properties”，弹出如图 1.1.19 所示的对话框，可以对电路工作区的电路、工作台、连线、字体等属性重新设置。

单击“Customize Interface”，弹出“Customize”对话框，如图 1.1.20 所示，可以对各种命令、工具栏、键盘、菜单和选项等用户界面进行设置。

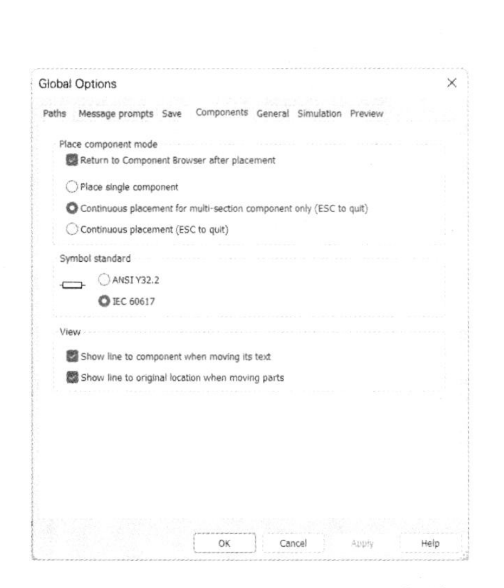

图 1.1.18 “Global Preferences”对话框

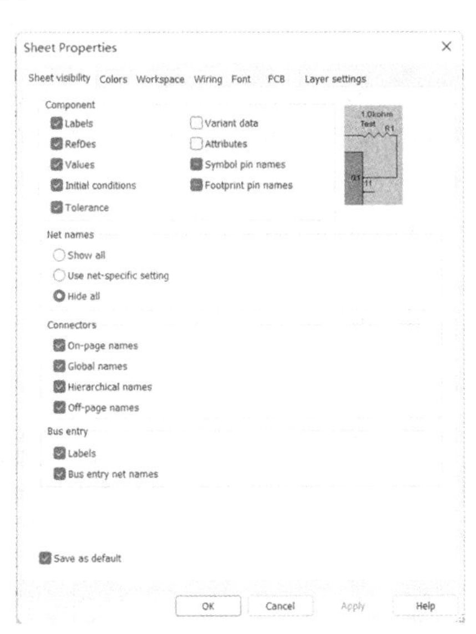

图 1.1.19 “Sheet Properties”对话框

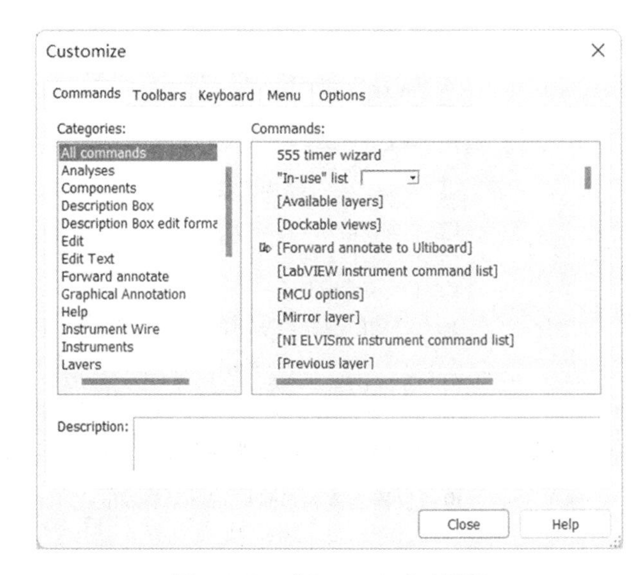

图 1.1.20 “Customize”对话框

第2节 原理图设计和测量

启动 Multisim 并对界面进行设置之后(建议初学者采用默认设置),就可以在图 1.1.2 所示的电路工作区中创建实验电路原理图,为电路仿真、电路分析做好准备。

创建电路原理图涉及文件的建立和保存,元器件和测试仪器的调用、摆放、连接、参数的设置、移动、复制、旋转、删除等操作。通常通过主菜单、工具栏、快捷键和右键四种途径对元器件和虚拟仪器进行操作。

2.1 建立原理图编辑文件

启动 Multisim 软件,系统自动产生一个新的原理图编辑文件,文件名为 Design 1。如果启动时打开的是最近关闭的文件,可以单击菜单"File"→"New",或者通过工具栏打开一个新的原理图编辑文件。通过"File"菜单将该文件另存为"例题 1",如图 1.2.1 所示。

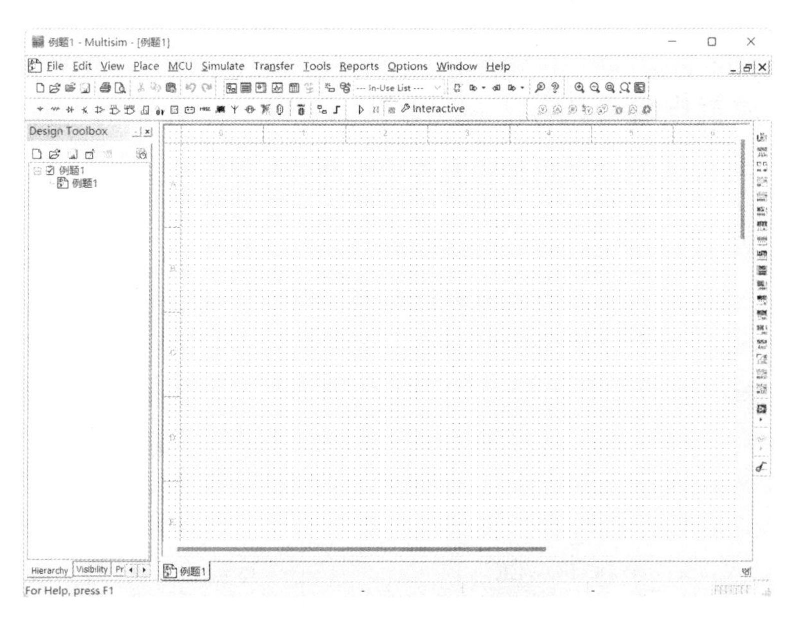

图 1.2.1 新建一个原理图编辑文件

2.2 放置元器件

单击菜单"Place"→"Component",弹出元器件选择对话框,如图 1.2.2 所示。在"Database"区域选择"Master Database",在"Group"中选择"Basic",在对话框中选择所需的元件,单击"OK"按钮确认,移动鼠标到工作区中适当的位置单击左键,即完成了一个元器件的放置。也可以通过工具栏、鼠标右键、快捷键完成元器件的放置。在移动鼠标放置元器件的过程中,通过快捷键"Alt+X""Alt+Y""Ctrl+R""Ctrl+Shift+R"可完成元器件的翻转或者旋转。元器件放置之后,可以先选中该元器件,然后执行翻转、旋转、复制、拖动、删除等操作。双击元器件,弹出元器件的属性对话框,如图 1.2.3 所示,通过该窗口可以更改、设置元器件的参数和名称。

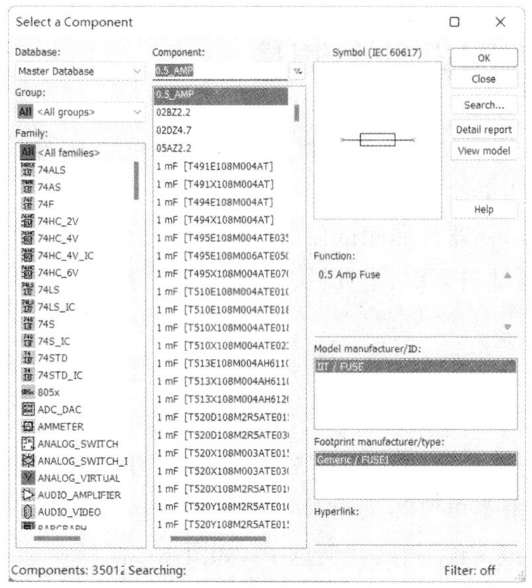

图 1.2.2　元器件选择对话框

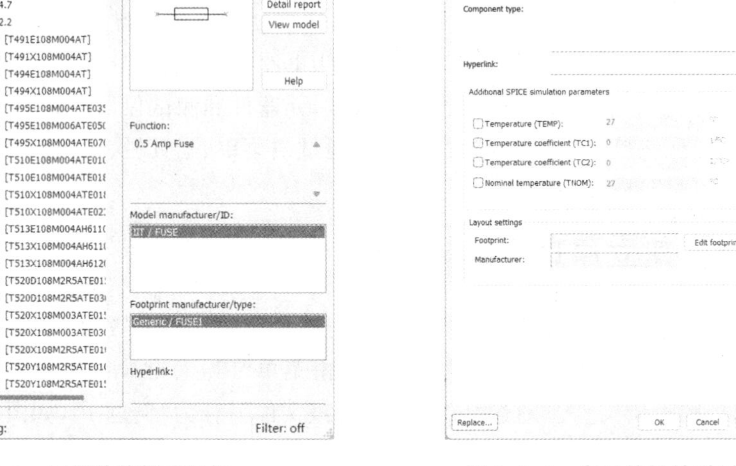

图 1.2.3　电阻的属性对话框

2.3　放置电源

电源库包含几十种元件，常用的电源和信号源见表 1.2.1。电源的放置和元器件的放置方法完全一样，不再重复。值得注意的是：每一个电路必须放置一个“接地”元件。

表 1.2.1　常用的电源和信号源

Family 源的类型	Component 电源库	Symbol 符号	Function 功能
POWER-SOURCES （电源）	AC-POWER	V_1 + 120 V_{rms} ~ 60 Hz − 0°	交流电源
	DC-POWER	+ V_2 12 V −	直流电源
	DGND	GND	数字地
	GROUND		地
	VCC、VDD VEE、VSS	V_{CC} 5.0 V　V_{DD} 5.0 V V_{EE} −5.0 V　V_{SS} 0.0 V	数字电源

续表

Family 源的类型	Component 电源库	Symbol 符号	Function 功能
SIGNAL-VOLTAGE-SOURCES (信号电压源)	AC-VOLTAGE	G + ~ V_1 1 V_{pk} 1 kHz 0°	交流信号电压源
	CLOCK-VOLTAGE	G + V_2 1 kHz 5 V	时钟信号电压源
	PULSE-VOLTAGE	G + V_3 −1 V 1 V 0.5 ms 1 ms	脉冲信号电压源
SIGNAL-CURRENT-SOURCES (信号电流源)	AC-CURRENT	G + ~ I_1 1 A 1 kHz 0°	交流信号 电流源
	CLOCK-CURRENT	G I_2 1 kHz 1 A	时钟信号 电流源
	DC-CURRENT	G I_3 1 A	直流信号 电流源
	PULSE-CURRENT	G I_4 −1 A 1 A 0.5 ms 1 ms	脉冲信号 电流源

2.4 放置测试仪器

单击菜单“Simulate”→“Instruments”→“Multimeter”(或其他所需测试仪器),移动鼠标到工作区中适当的位置,单击鼠标左键,即完成一个数字万用表的放置。也可以通过虚拟仪器工具栏选择一个所需测试仪器。在移动鼠标放置虚拟仪器的过程中,通过快捷键“Alt+X”“Alt+Y”“Ctrl+R”“Ctrl+Shift+R”可完成仪器的翻转或者旋转。虚拟仪器放置之后,可以先选中该仪器,然后执行翻转、旋转、复制、拖动、删除等操作。双击测试仪器,弹出属性对话框,例如数字万用表的属性对话框,如图 1.2.4 所示。数字万用表可完成交、直流的电流、电压、电阻、分贝的测试,根据测试需要,可以对数字万用表进行设置。其他测试仪器的放置和设置与数字万用表类似。

图 1.2.4 数字万用表的属性对话框

2.5 元器件的连线

Multisim 14 提供自动和手动两种连线方式。用户将鼠标指针移到需要连接的元器件引脚时，鼠标指针变成十字形，此时先单击鼠标左键，然后移动鼠标到另外一个需连接的元器件引脚，当元器件的引脚变成红色圆点时单击鼠标左键，即自动完成元器件的连接。从第一个元器件的引脚移动到第二个元器件引脚的过程中，用户可以在需要拐弯处单击鼠标左键，从而确定连线的路径，实现手动连接。

2.6 电路参数的测量

原理电路编辑完成之后，加上所需的信号源和测试仪器，按照电气规则检查无误后，打开仿真开关，便开始了仿真，在测试仪器上可以观测到感兴趣的参数或者曲线。

练习题 1.2.1

画出图 1.2.5 所示的整流电路，包含交流电压源（～12 V、50 Hz）、接地、整流二极管（1N4007）、电解电容（1 000 μF、100 μF）、无极性电容（0.01 μF）、稳压集成电路（LM7805）、机械开关、电阻（300 Ω）和发光二极管等元器件。

（练习元器件的放置、复制、粘贴、移动、旋转、删除，元器件参数、名称的编辑和拖动，元器件的连接，连线的拖动、删除，电气规则检查，节点编号的编辑和拖动等。）

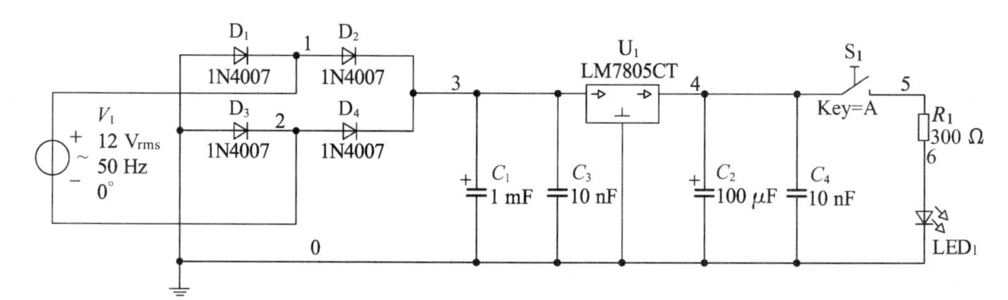

图 1.2.5　整流电路

练习题 1.2.2

用数字万用表测量节点 1、2 之间的交流电压，测量节点 3、0 之间的直流电压；用探针测量发光二极管的电流和电压。

在图 1.2.5 中放置、连接数字万用表，在节点 6 放置探针，建立测量电路，如图 1.2.6(a)所示。打开仿真开关，按“A”键闭合机械开关，发光二极管发光，双击数字万用表，弹出属性对话框，设置所需的测试选项，观测到数字万用表和探针的测试结果如图 1.2.6(b)所示。

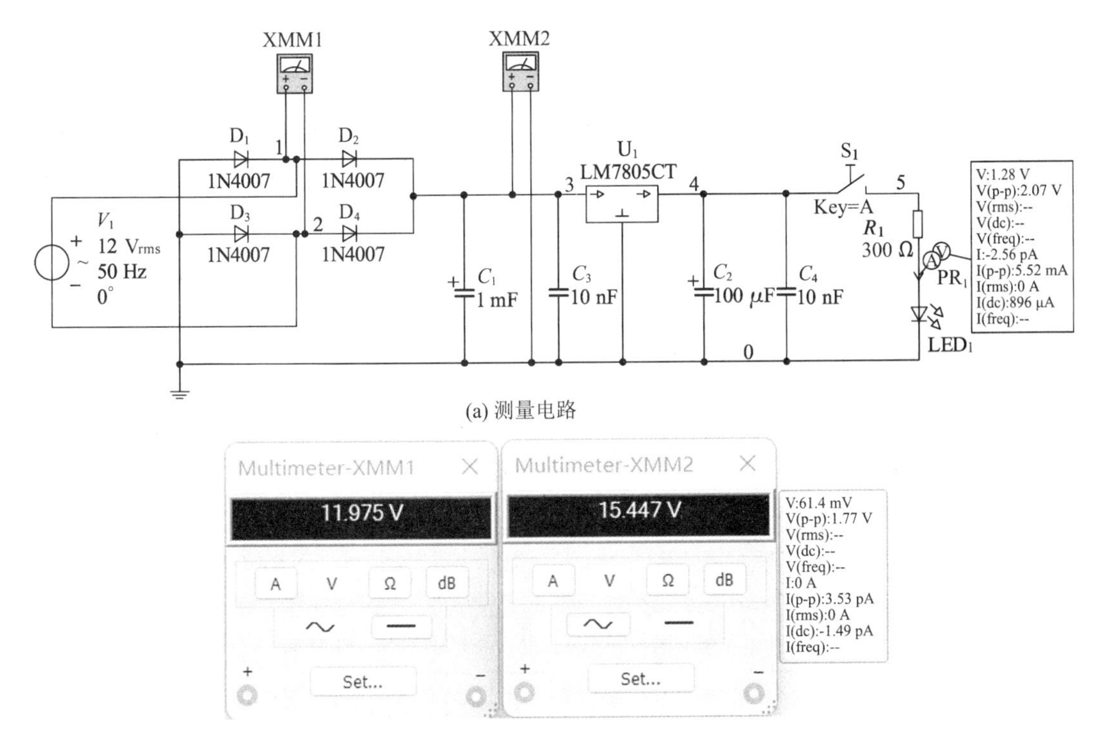

(a) 测量电路

(b) 数字万用表和探针的测试结果

图 1.2.6　用数字万用表、探针测量电压

练习题 1.2.3

用双踪示波器观测电压信号源的波形和节点 3 的纹波。

在图 1.2.5 所示的电路中放置并连接双踪示波器，分别建立电压信号源波形测量电路和纹波测量电路，如图 1.2.7(a)(b)所示。打开仿真开关，双击虚拟示波器，弹出属性对话框，设置合适的测量量程即可观测到信号源的波形和节点 3 的纹波，如图 1.2.7(c)(d)所示。

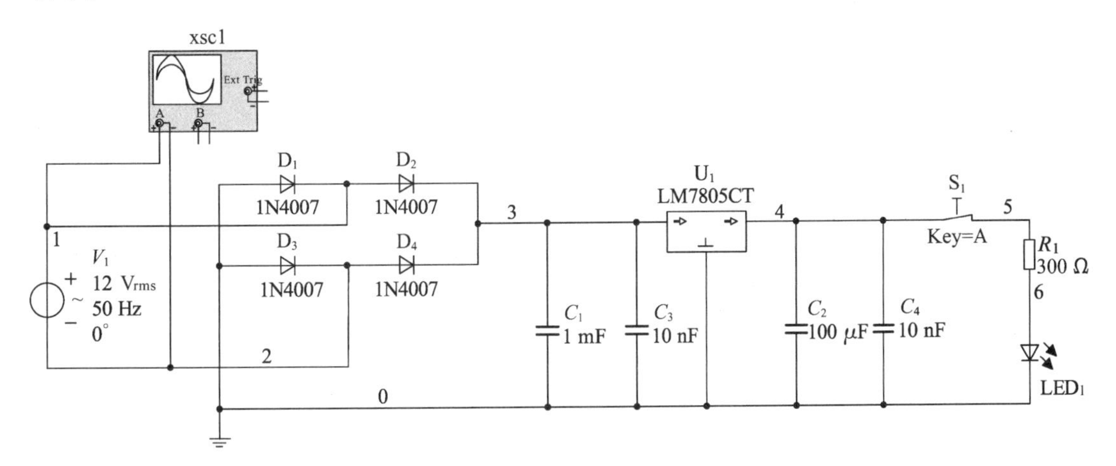

(a) 电压信号源波形测量电路

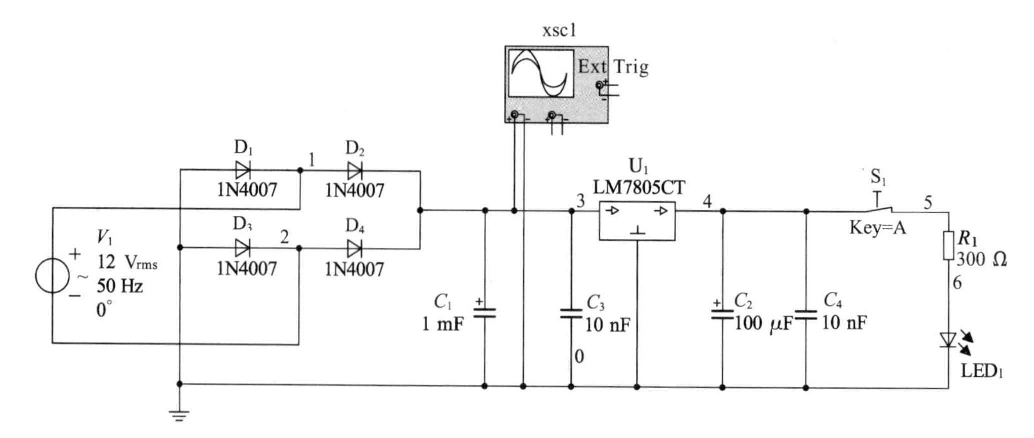

(b) 纹波测量电路

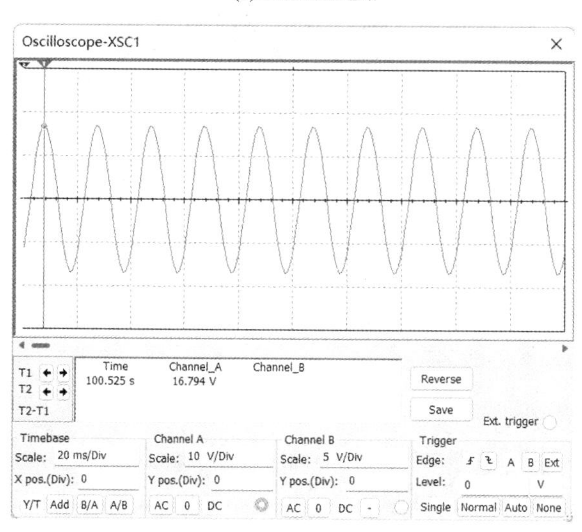

(c) 电压信号源波形测量结果

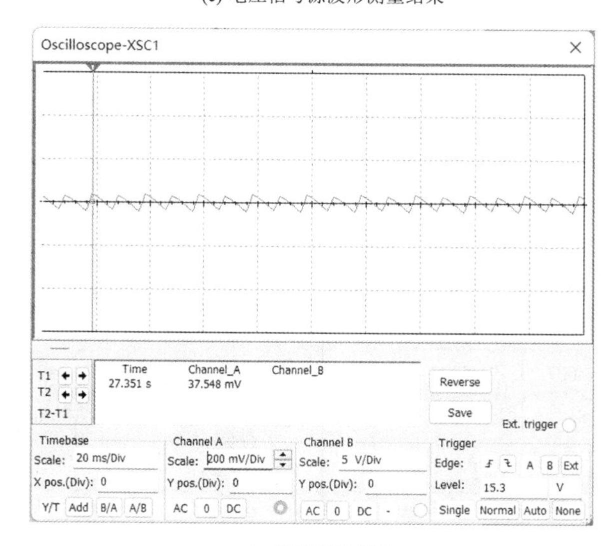

(d) 纹波测量结果

图 1.2.7　示波器测量电压信号源波形和纹波电路

练习题 1.2.4

画出图 1.2.8 所示的 RC 低通滤波电路(包含电阻、电容和接地三个元件)，其中电阻 $R=220\ \Omega$，电容 $C=47\ \text{nF}$。

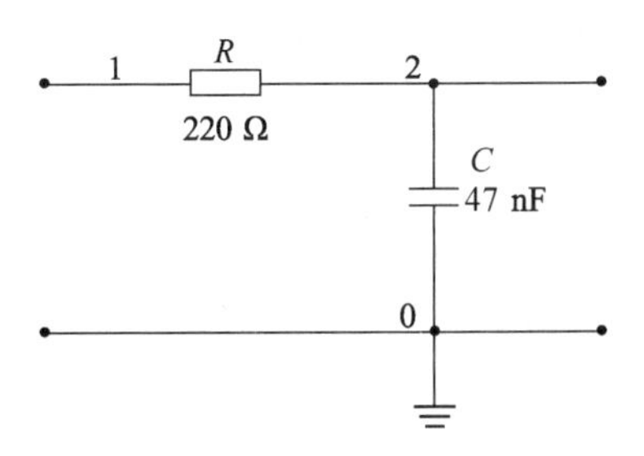

图 1.2.8　RC 低通滤波电路

练习题 1.2.5

用波特图仪观测图 1.2.8 所示的低通滤波电路的频响特性并测量−3 dB 带宽。

在图 1.2.8 所示的低通滤波电路中添加一个电压信号源和一个波特图仪并连接成测量电路，如图 1.2.9(a)所示。打开仿真开关，双击波特图仪图标，弹出波特图仪对话框，选中“Magnitude”(幅度)按钮，设置合适的量程后，观测到低通滤波器的幅频特性曲线如图 1.2.9(b)所示，移动标尺至−3 dB，测得−3 dB 带宽为 15.804 kHz；选中“Phase”(相位)按钮，设置合适的量程后，观测到低通滤波器的相频特性曲线如图 1.2.9(c)所示，移动标尺至 15.804 kHz，测得−3 dB 处相位滞后−45.756°。

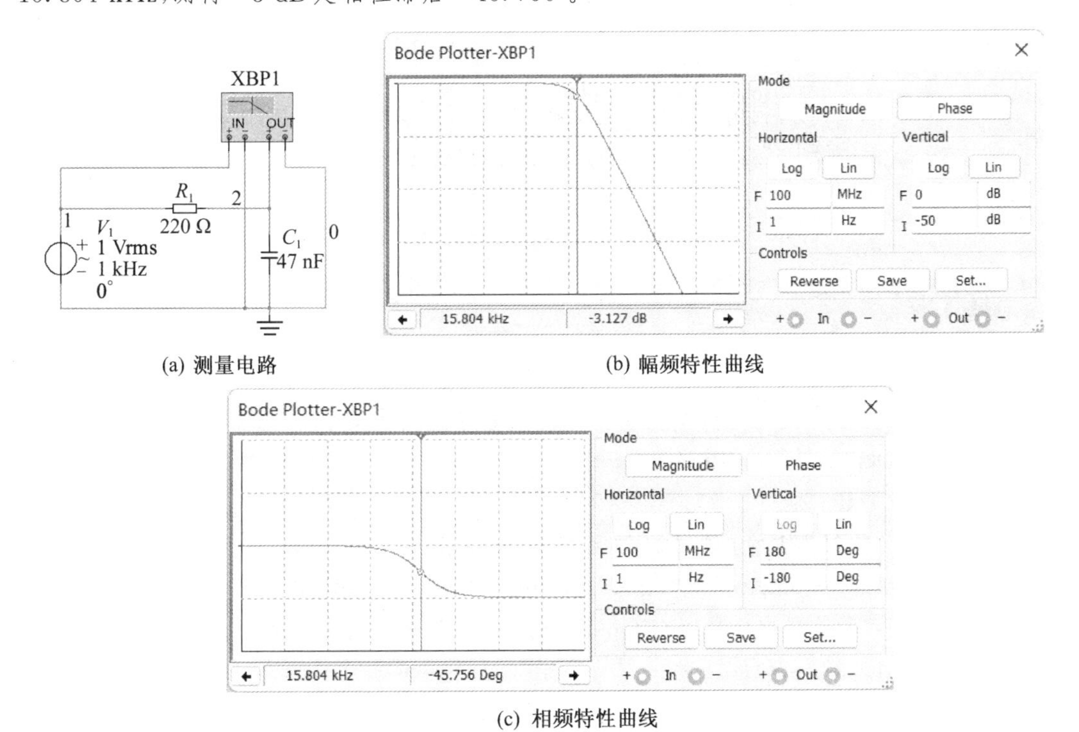

(a) 测量电路　(b) 幅频特性曲线

(c) 相频特性曲线

图 1.2.9　低通滤波器的传输特性

第3节　电路的基本分析方法

在 Multisim 的电路工作区完成电路设计之后，可以采用虚拟仪器对电路的参数和性能指标进行测量，这种方法直观，但在反映电路的全面特性方面有一定的局限性。利用 Multisim 提供的强大电路分析功能，不仅可以完成电流、电压等的测量，还可以完成电路动态特性和参数的全面测量。

执行图 1.1.8 所示仿真菜单中的 Analyses and Simulation（分析与仿真）命令，就可以看到 Multisim 提供的 20 种仿真分析，下面将通过练习题介绍其中几种常用分析的使用方法。

练习题 1.3.1

画出图 1.3.1 所示的单级放大电路，包含电阻（2 kΩ、5.1 kΩ、18 kΩ）、电容（10 μF）、直流电源（12 V）、电压信号源（1 kHz、10 mV 正弦信号）、可变电阻（200 kΩ，按“A”键电阻增大，按“Shift＋A”键电阻减小）。

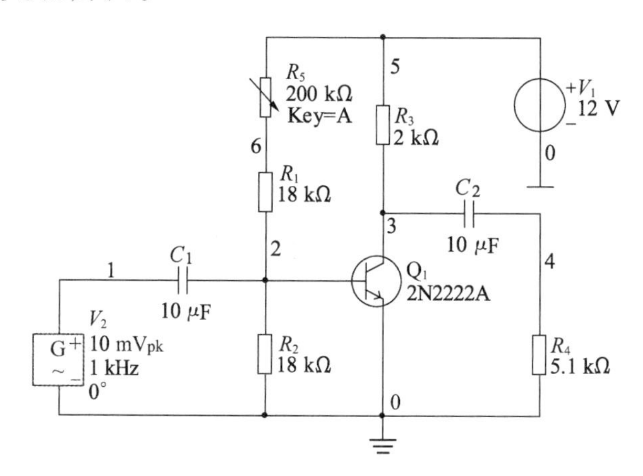

图 1.3.1　单级放大电路

练习题 1.3.2

分析图 1.3.1 所示的单级放大电路在静态时节点 2、节点 3 的电压以及电阻 R_3 的电流。

静态电路的电压和电流等参数的测量可以用数字万用表测量，这里采用 Multisim 的直流工作点分析（DC Operating Point）。

操作方法及步骤：

1. 打开练习题 1.3.1 的单级放大电路原理图，如图 1.3.1 所示。

2. 选择主菜单“Simulate”→“Analyses and Simulation”，弹出对话框，在对话框左侧“Active Analysis”菜单栏中选择“DC Operating Point”，选中节点 2 和节点 3 的电压、电阻 R_3 的电流，如图 1.3.2(a)所示。

3. 单击图 1.3.2(a)中的“Run”按钮，得到仿真结果，如图 1.3.2(b)所示。

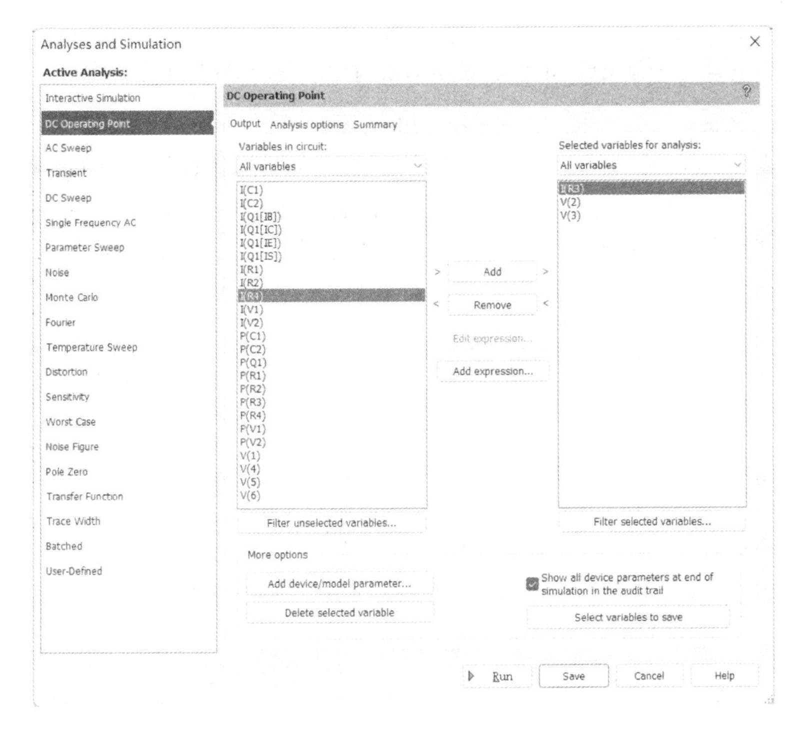

(a) 参数设置

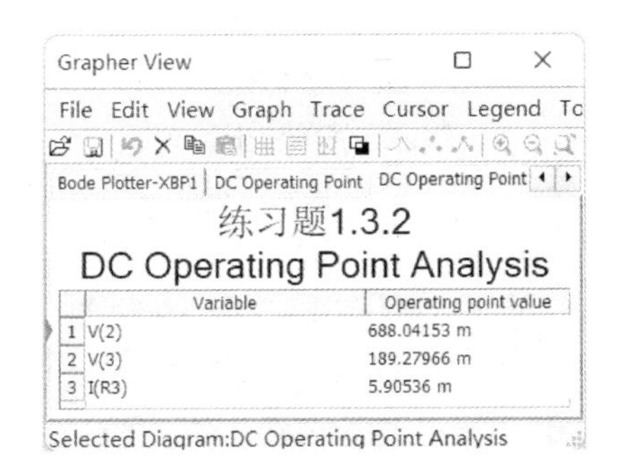

(b) 仿真结果

图 1.3.2　直流工作点仿真

练习题 1.3.3

分析图 1.3.1 所示的单级放大电路的频响特性。

电路的频响特性可以用波特图仪进行测量，也可以用 Multisim 的交流分析（AC Sweep）进行测量。交流分析采用交流小信号模型，可以观测电路中任意节点的幅频特性和相频特性。

操作方法及步骤：

1. 打开练习题 1.3.1 的单级放大电路原理图，如图 1.3.1 所示。

2. 选择主菜单“Simulate”→“Analyses and Simulation”，弹出对话框，在对话框左侧“Active Analysis”菜单栏中选择“AC Sweep”，设置频率参数，如图 1.3.3(a)所示，设置节点 1 和节点 4 的电压为输出参数，如图 1.3.3(b)所示。

3. 单击“Run”按钮得到频响特性曲线，如图 1.3.3(c)所示，其中带三角的直线是节点 1 的频响特性，不带三角的曲线是节点 4 的频响特性。

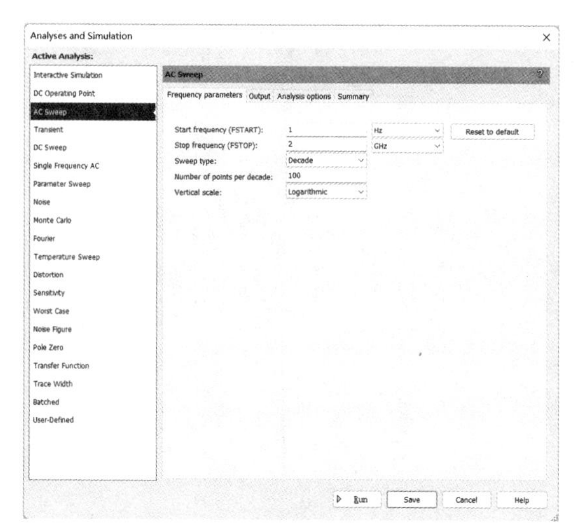

(a) 频率参数

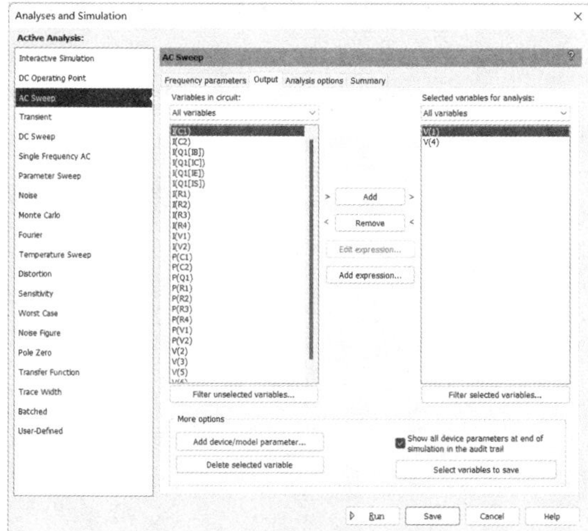

(b) 输出参数

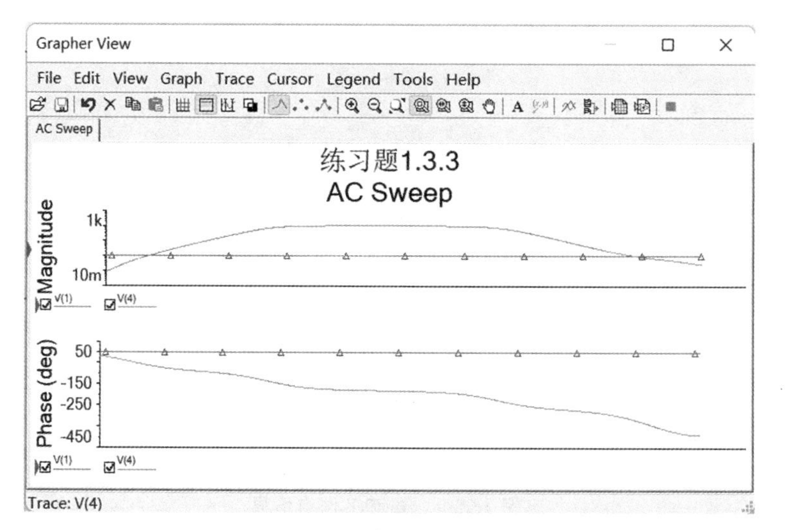

(c) 仿真结果

图 1.3.3 交流分析

练习题 1.3.4

分析图 1.3.1 所示的单级放大电路中节点 1 和节点 4 处的电压波形。

电压随时间变化的波形可以用示波器测量，也可以用 Multisim 提供的瞬态分析进行观测。双踪示波器能同时观测两路信号，而瞬态分析可以同时观测电路中所有点的信号波形。

操作方法及步骤：

1. 打开练习题 1.3.1 的单级放大电路原理图，如图 1.3.1 所示(调节可变电阻 R_5 的百分比为 70%)。

2. 选择主菜单“Simulate”→“Analyses and Simulation”，弹出对话框，在对话框左侧

"Active Analysis"菜单栏中选择"Transient",设置分析参数,如图1.3.4(a)所示,设置节点1和节点4的电压为输出参数,如图1.3.4(b)所示。

3. 单击"Run"按钮得到节点的电压曲线,如图1.3.4(c)所示,其中带三角的直线是节点1的电压信号,不带三角的曲线是节点4的电压信号。节点1的电压信号太小,如果想看清楚节点1的电压信号,可以单独仿真。

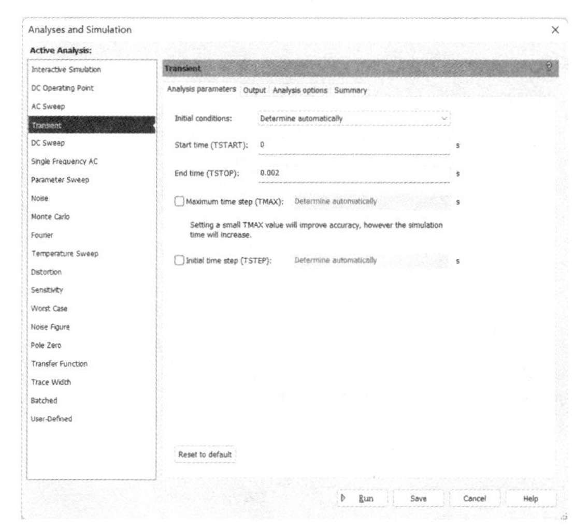

(a) 分析参数

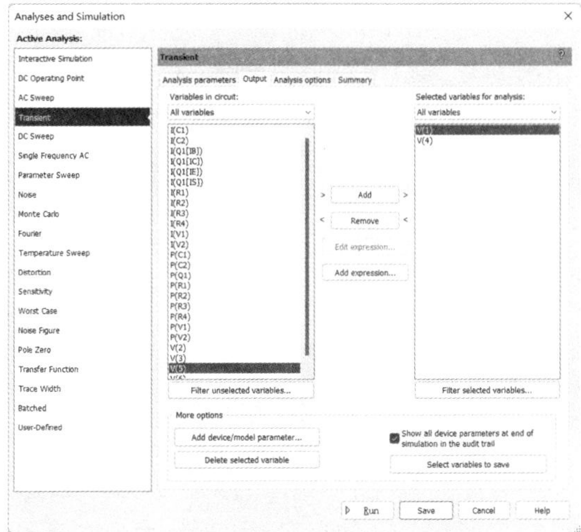

(b) 输出参数

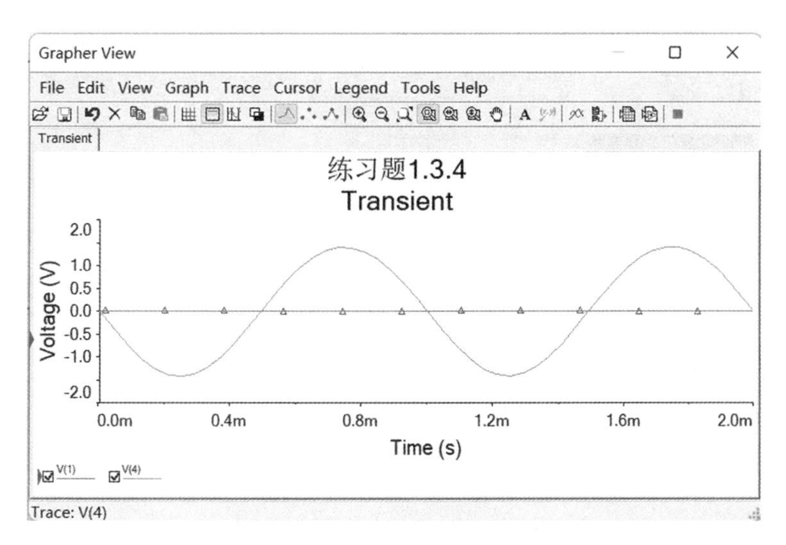

(c) 仿真结果

图1.3.4　瞬态分析

在练习题1.3.4中,默认电容的初始值为零。在瞬态分析中,储能元件往往需要设置初始条件。双击电容元件,弹出对话框,选中初始条件并设置所需的值,如图1.3.5所示。在瞬态仿真对话框的初始条件框中选择"User-defined",如图1.3.6所示。

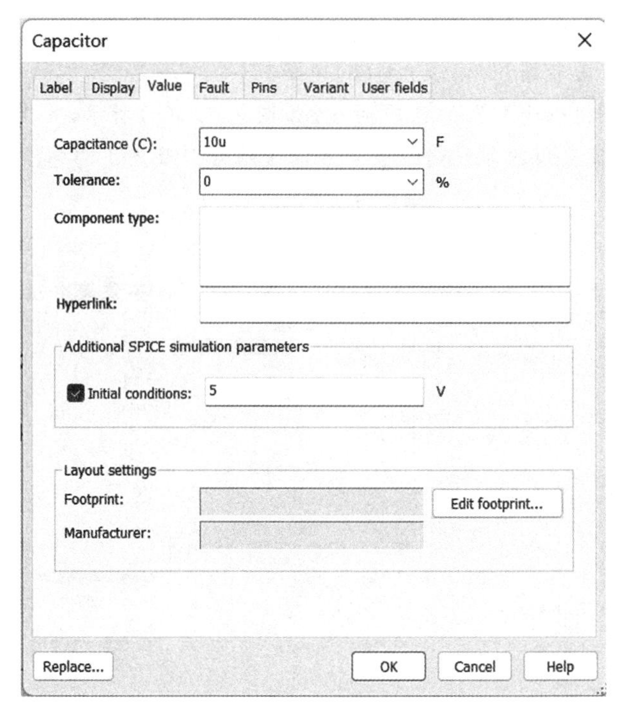

图 1.3.5　电容初始值的设置

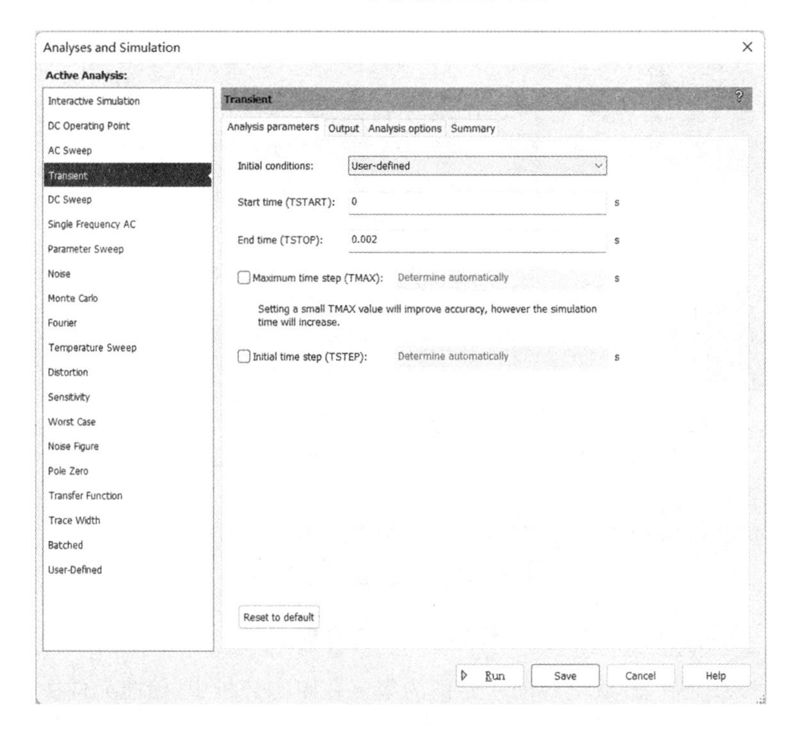

图 1.3.6　瞬态分析初始值的设置

练习题 1.3.5

分析图 1.3.1 所示的单级放大电路节点 4 处电压信号的频谱。

信号的频谱可以用频谱分析仪测量，也可以用 Multisim 提供的傅立叶(Fourier)分析进行观测。信号的频谱可以用来分析一个信号包含哪些频率及其大小。

操作方法及步骤：

1. 打开练习题 1.3.1 的单级放大电路原理图，如图 1.3.1 所示。

2. 选择主菜单“Simulate”→“Analyses and Simulation”，弹出对话框，在对话框左侧“Active Analysis”菜单栏中选择“Fourier”，设置分析参数为默认值，设置节点 4 的电压为输出参数。

3. 单击“Run”按钮得到节点 4 信号的频谱，如图 1.3.7 所示。图的上部列出了各个谐波的频率、幅度和相位，可以看出节点 4 的信号频率为 1 kHz，非线性产生的 2 kHz 二次谐波相对基波很小，高次谐波可忽略不计。图的下部画出了各频率对应的信号大小。

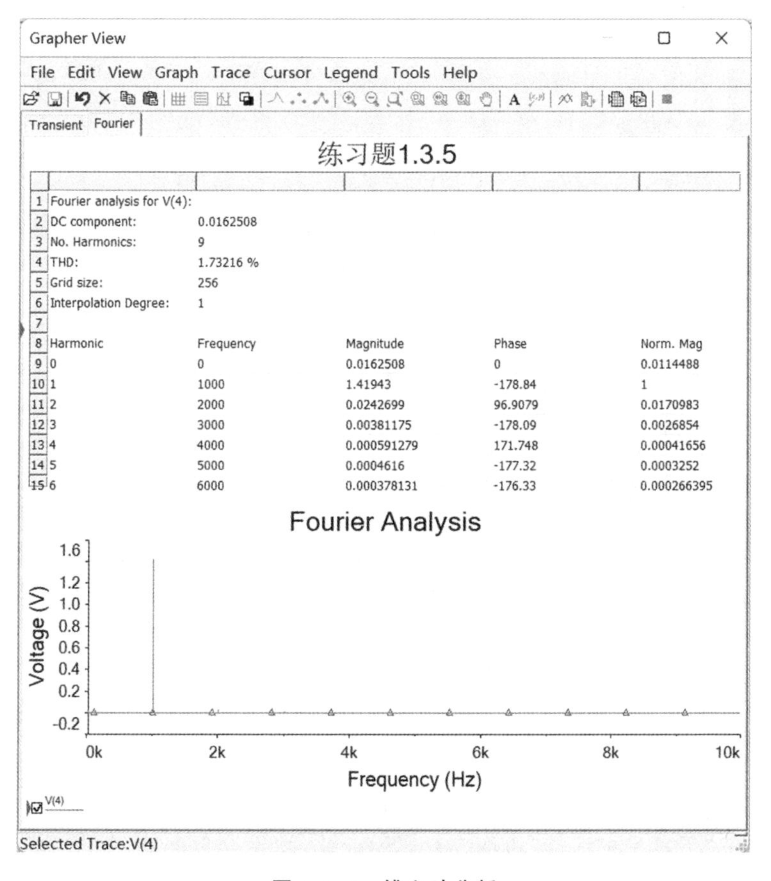

图 1.3.7　傅立叶分析

练习题 1.3.6

分析图 1.3.1 所示的单级放大电路的集电极(节点 3)电位随电源电压 V_1 的变化。

可以使用万用表逐点测量，也可以用 Multisim 提供的直流扫描分析(DC Sweep)进行观测。

操作方法及步骤：

1. 打开练习题 1.3.1 的单级放大电路原理图，如图 1.3.1 所示。

2. 选择主菜单“Simulate”→“Analyses and Simulation”，弹出对话框，在对话框左侧“Active Analysis”菜单栏中选择“DC Sweep”，设置分析参数（选择电源 V_1，起始电压为0 V，终点电压为 12 V，步长为 0.5 V），设置节点 3 的电压为输出参数。

3. 单击“Run”按钮得到集电极电位随电源电压的变化曲线，如图 1.3.8 所示。

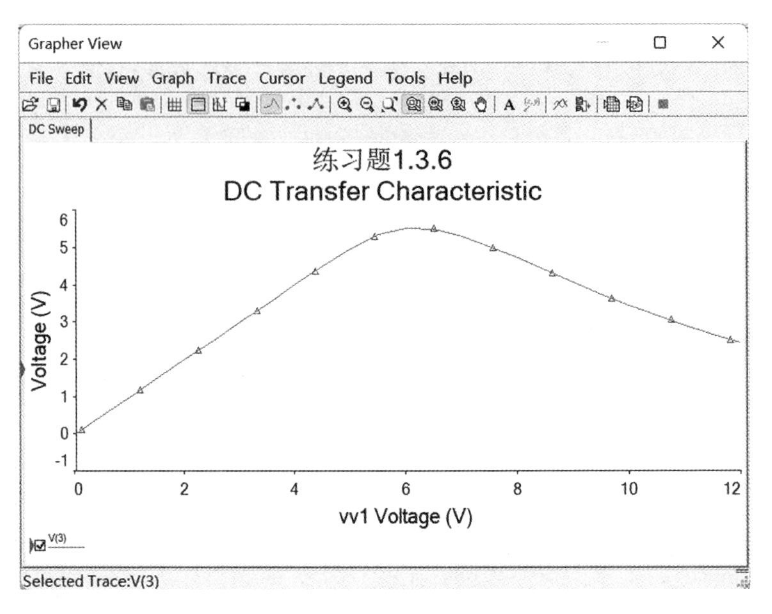

图 1.3.8 直流扫描分析

练习题 1.3.7

分析图 1.3.1 所示的单级放大电路的基极偏置电阻 R_5 对输出信号的影响。

可以逐点改变 R_5 的阻值，用示波器观测输出节点 4 的信号。也可以用 Multisim 提供的参数扫描分析（Parameter Sweep）进行观测。参数扫描分析包含直流工作点分析、交流分析和瞬态分析等。

操作方法及步骤：

1. 打开练习题 1.3.1 的单级放大电路原理图，如图 1.3.1 所示，替换可变电阻 R_5 为固定电阻。

2. 选择主菜单“Simulate”→“Analyses and Simulation”，弹出对话框，在对话框左侧的“Active Analysis”菜单栏中选择“Parameter Sweep”，设置分析参数，如图 1.3.9(a)所示，单击“Edit analysis”按钮可以设置相应的瞬态分析参数，设置节点 4 的电压为输出参数。

3. 单击“Run”按钮得到输出电压随基极电阻变化（80 kΩ、140 kΩ、200 kΩ）的曲线，如图 1.3.9(b)所示。

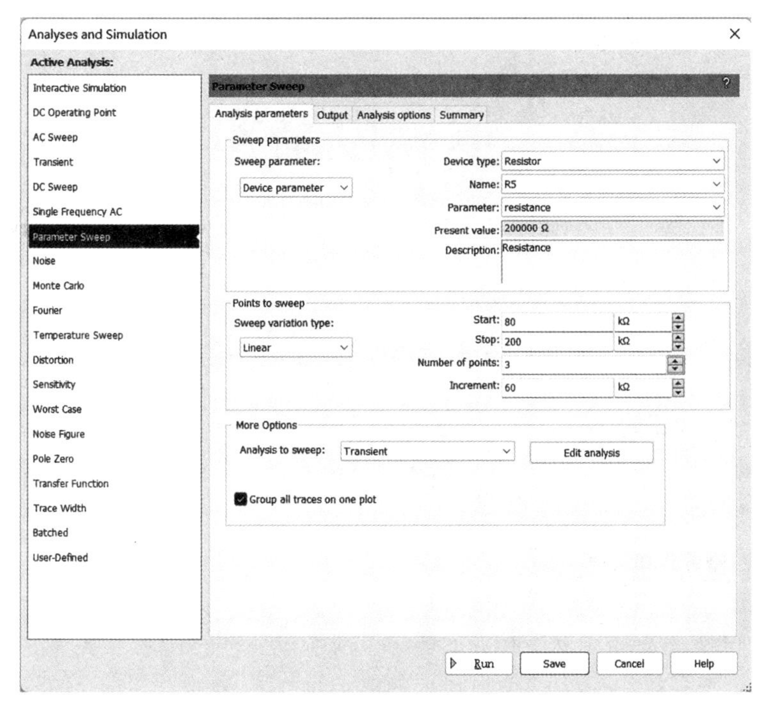

(a) 分析参数设置

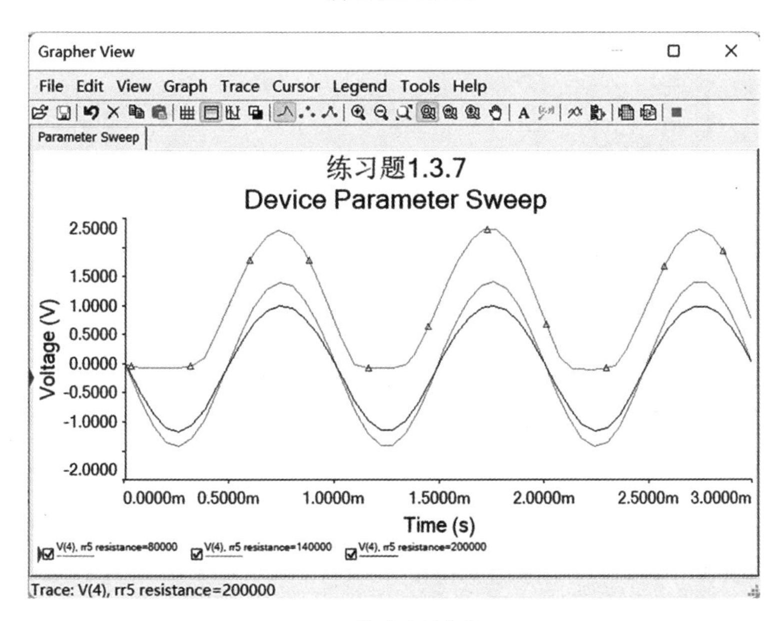

(b) 输出电压信号

图 1.3.9 参数扫描分析

第二章　电路实验

实验1　戴维南定理

理　论

一、实验原理

一个含独立源、线性电阻和受控源的一端口网络，对外电路来说，可以用一个电压源和电阻的串联组合来等效置换，其等效电压源的电压等于该一端口网络的开路电压，其等效电阻等于将该一端口网络中所有独立源都置为零后的输入电阻。这一定理称为戴维南定理，如图 2.1.1 所示。

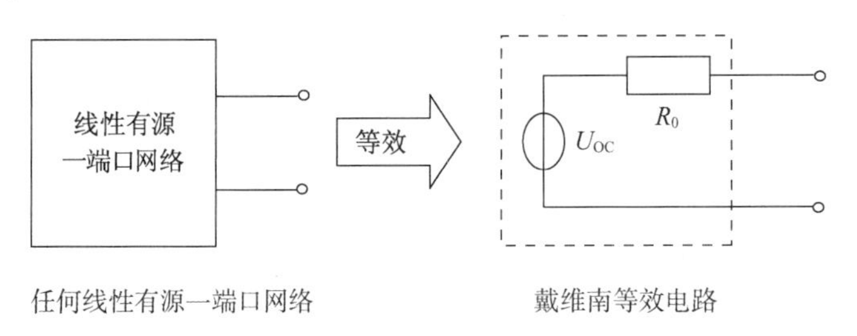

图 2.1.1　戴维南定理

二、实验方法

1. 比较测量法。

戴维南定理是一个等效定理，因此应想办法验证等效前后对其他电路的影响是否一致，即等效前后的外特性是否一致。

实验中首先测量原电路的外特性，再测量等效电路的外特性，最后比较两者是否一致。等效电路中等效参数的获取，可通过测量得到，并与根据电路结构所推导计算出的结果相比较。

实验中器件的参数应使用实际测量值。实际值和器件的标称值是有差别的，所有的理论计算应基于器件的实际值。

2. 等效参数的获取。

等效电压 U_{OC}：直接测量被测电路的开路电压，该电压就是等效电压。

等效电阻 R_0：将电路中所有电压源短路，所有电流源开路，使用万用表电阻挡测量。

本实验采用图 2.1.2 所示的实验电路。

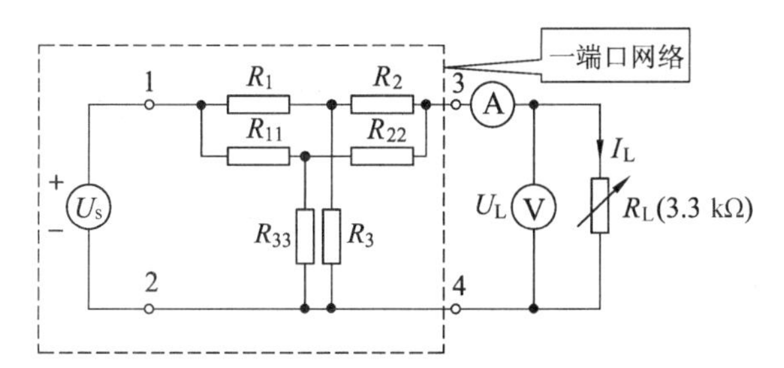

（图中 $U_S=20$ V，$R_1=1.8$ kΩ，$R_2=220$ Ω，$R_3=270$ Ω，$R_{11}=2.2$ kΩ，$R_{22}=270$ Ω，$R_{33}=330$ Ω）

图 2.1.2　实验电路

3. 测量点个数以及间距的选取。

测试过程中测量点个数以及间距的选取与测量特性和形状有关。对于直线特性，应使测量间隔尽量平均，对于非线性特性应在变化陡峭处多测些点。测量的目的是用有限的点描述曲线的整体形状和细节特征。因此应注意测试过程中测量点个数以及间距的选取。

为了比较完整地反映测量特性和形状，一般取 10 个以上的测量点。

本实验中由于特性曲线是直线，因此测量点应均匀选取。为了保证测量点分布合理，应先测量特性的最大值和最小值，再根据点数合理选择测量间距。

4. 电路的外特性测量方法。

在输出端口上接可变负载（如电位器），改变负载（调节电位器）测量端口的电压和电流。

三、实验注意事项

1. 电流表的使用。由于电流表内阻很小，为防止电流过大而毁坏电流表，先使用大量程（A）粗测，再使用常规量程（mA）。

2. 等效电源电压和等效电阻的理论值计算应根据实际测量值，而不是标称值。

3. 为保证外特性测量点的分布合理，应先测出最大值和最小值，再根据外特性线性的特征均匀取点。

4. 电压源置零，必须先将图 2.1.2 中的 1、2 端子与外接电源断开，然后再将 1、2 端子短接。

实　验

一、实验目的

1. 深刻理解和掌握戴维南定理。

2. 掌握测量等效电路参数的方法。

3. 初步掌握用 Multisim 软件绘制电路原理图的方法。

4. 初步掌握 Multisim 软件中的 Multimeter、Voltmeter、Ammeter 等仪表的使用方法以及 DC Operating Point、Parameter Sweep 等 SPICE 仿真分析方法。

5. 掌握电路板的焊接技术以及直流电源、万用表等仪器仪表的使用方法。

6. 初步掌握 Origin 绘图软件的使用方法。

二、实验仪器与器件

1. 计算机一台。
2. 通用电路板一块。
3. 万用表两只。
4. 直流稳压电源一台。
5. 电阻若干。

三、预习要求

1. 了解电路的串并联原理。
2. 了解等效参数的计算方法,根据实验电路推算出等效参数的计算公式。
3. 了解开路电压和短路电流的理论计算方法。
4. 了解 Multisim 仿真软件的基本使用方法。
5. 撰写预习报告。

四、实验内容

1. 测量电阻的实际值,将测量结果填入表 2.1.1 中,计算等效电源电压和等效电阻。

表 2.1.1 实验数据表

器件	R_1	R_2	R_3	R_{11}	R_{22}	R_{33}
阻值/Ω						

2. Multisim 仿真。

(1) 创建电路:从元器件库中选择电压源、电阻,电阻阻值见表 2.1.1,创建如图 2.1.3 所示的电路,同时接入万用表。

(2) 用万用表测量端口的开路电压和短路电流,并计算等效电阻。

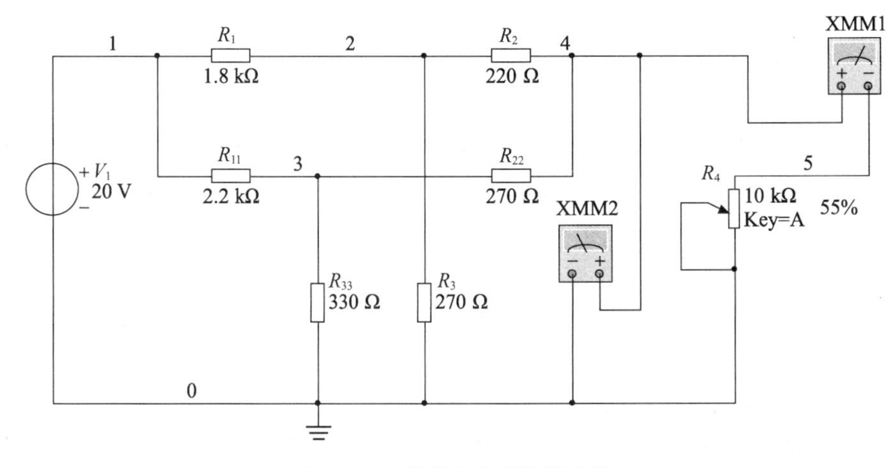

图 2.1.3 戴维南定理仿真电路

(3) 用万用表的欧姆挡测量等效电阻，与(2)所得结果比较，将测量结果填入表2.1.2中。

(4) 根据开路电压和等效电阻创建等效电路。

(5) 用参数扫描法(对负载电阻 R_4 进行参数扫描)测量原电路及等效电路的外特性，观测 DC Operating Point，将测量结果填入表2.1.3中。

3. 在通用电路板上焊接实验电路并测试等效电压和等效电阻，将测量结果填入表2.1.2和表2.1.3中。

表 2.1.2　实验数据表

等效电压 U_{OC}		等效电阻 R_0	
Multisim	实验板	Multisim	实验板

4. 在通用电路板上焊接戴维南等效电路。

5. 测量原电路和戴维南等效电路的外特性，将测量结果填入表2.1.3中，验证戴维南定理。

表 2.1.3　实验数据表

负载电阻/Ω	负载电压/V				负载电流/mA			
	Multisim		实验板		Multisim		实验板	
	原电路	等效电路	原电路	等效电路	原电路	等效电路	原电路	等效电路
300								
600								
900								
1 200								
1 500								
1 800								
2 100								
2 400								
2 700								
3 000								

五、实验报告要求

1. 写明实验原理及实验步骤。

2. 根据实验内容，用 Multisim 软件绘制电路原理图并记录测试数据。

3. 记录实验板的测试数据。

4. 根据测量数据，用 Origin 绘图软件绘制等效前后外特性，负载电阻为横坐标，负载电压为纵坐标。

5. 通过比较分析，得出实验结论。

六、实验思考题

1. 为何开路电压理论值和实际测量值一样，而短路电流却不一样？
2. 本实验原理图是按照安培表外接法绘制的，考虑安培表外接和内接对本实验有何差别。

实验2　叠加定理与置换定理

理　论

一、实验原理

叠加定理是体现线性电路本质的最重要定理，具体是：线性电路中，由几个独立电源共同作用所形成的各支路电流或电压，是各个独立电源单独作用时在各相应支路中形成的电流或电压的代数和。

如图2.2.1(a)所示是含有两个独立电源的电路，支路R_2的电流为i_2。

如图2.2.1(b)所示是u_S单独作用而i_S置为零时的电路，支路R_2的电流为i_2'。

如图2.2.1(c)所示是i_S单独作用而u_S置为零时的电路，支路R_2的电流为i_2''。

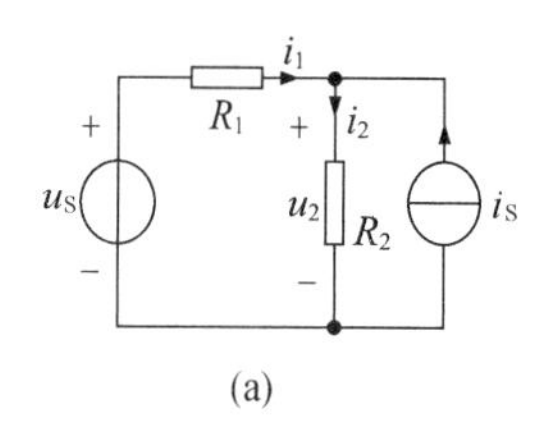

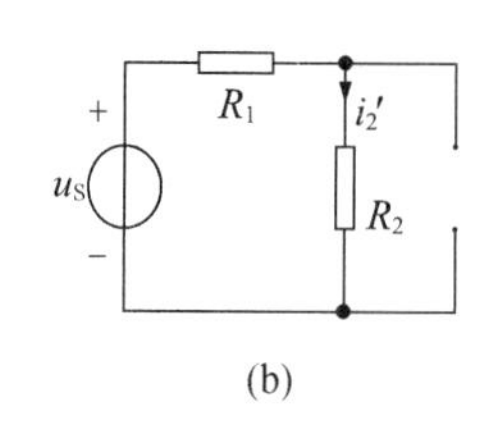

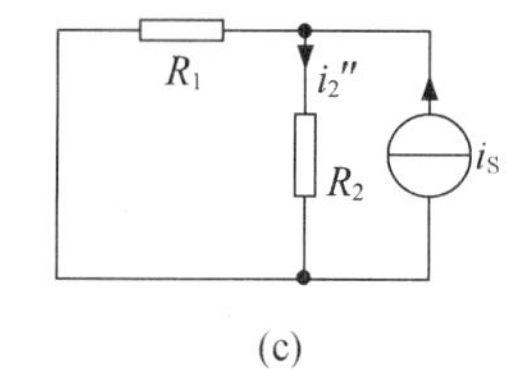

图2.2.1　叠加定理

根据叠加定理，应满足关系：

$$i_2=i_2'+i_2''$$

置换定理是电路理论中的一个重要定理，它是这样描述的：若电路中某一支路的电压和电流分别为U和I，用$U_S=U$的电压源或$I_S=I$的电流源来置换该支路，如置换后的电路有唯一解，则置换前后电路中全部支路电压和支路电流保持不变。

如图2.2.2(a)所示的电路是由一个电阻一端口网络N_R和一个支路N_L连接而成的，支路的电压为u，电流为i。

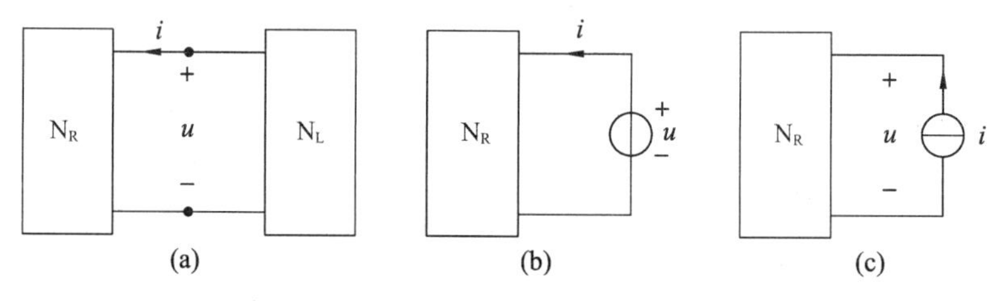

图2.2.2　置换定理

图 2.2.2(b)是将图 2.2.2(a)中支路 N_L 用电压为 u 的电压源替换。图 2.2.2(c)是将图 2.2.2(a)中支路 N_L 用电流为 i 的电流源替换。

根据置换定理，前述三个电路中网络 N_R 中所有支路的电压和电流全部相等。

二、实验方法

1. 叠加定理的实验验证方法。

任意选择一条支路，测量所有电源都作用时的电压(或电流)。

在单个电源作用时，其他电源应置为零。注意：电压源电压为零，不是不接电压源，而是使原来接电压源的地方短路，只有短路才能保证两点电压为零。一般的实际直流电源由于机械原因无法将电压调到零。电流源的电流为零，就是开路。要注意领会电压为零的特殊含义。

在记录数据时，要注意记录电压和电流的正负。测量过程中万用表表棒位置不能调换。

2. 置换定理的实验验证方法。

实验过程中任意选择两条支路，置换其中一条支路，并在置换前后测量另一条支路的电压(或电流)，比较是否有变化。

本实验采用图 2.2.3 所示的实验电路。

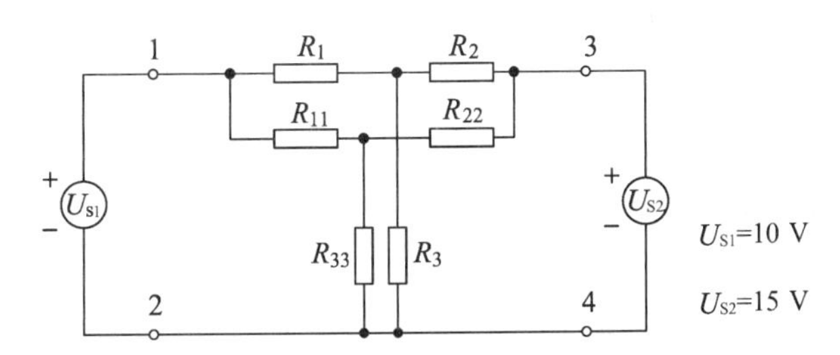

(图中 $R_1=1.8\ \text{k}\Omega$, $R_2=220\ \Omega$, $R_3=270\ \Omega$, $R_{11}=2.2\ \text{k}\Omega$, $R_{22}=270\ \Omega$, $R_{33}=330\ \Omega$)

图 2.2.3　实验电路

三、实验注意事项

1. 注意电压源电压为零的含义，以及实际的操作方法。
2. 不能忽视电压和电流的正负号记录，因为电压和电流是有方向的。
3. 注意电压和电流的方向，万用表表棒位置保持一致。
4. 电流表连接时，应先断开电路再把电流表串联在电路中。

实　验

一、实验目的

1. 深刻理解和掌握叠加定理与置换定理。
2. 掌握用 Multisim 软件绘制电路原理图的方法。
3. 掌握 Multisim 软件中的直流电源、电压表、电流表、测试探针和开关的使用方法。

4. 初步掌握 Multisim 软件中函数发生器和示波器的使用方法。
5. 掌握电路板的焊接技术以及直流电源、万用表等仪器仪表的使用方法。
6. 掌握 Origin 绘图软件的使用方法。

二、实验仪器与器件

1. 计算机一台。
2. 通用电路板一块。
3. 万用表两只。
4. 直流稳压电源一台。
5. 电阻若干。

三、预习要求

1. 据所给电路给出叠加定理的理论计算。
2. 提出置换定理的验证方案。
3. 了解 Multisim 仿真软件的基本使用方法。
4. 撰写预习报告。

四、实验内容

1. 测量并记录器件的实际值，测量结果填入表 2.2.1 中。

表 2.2.1 实验数据表

器件	R_1	R_2	R_3	R_{11}	R_{22}	R_{33}
阻值/Ω						

2. Multisim 仿真。

(1) 创建电路：从元器件库中选择电压源、电阻，电阻阻值见表 2.2.1，创建如图 2.2.4 所示的电路，同时接入电压表和电流表。

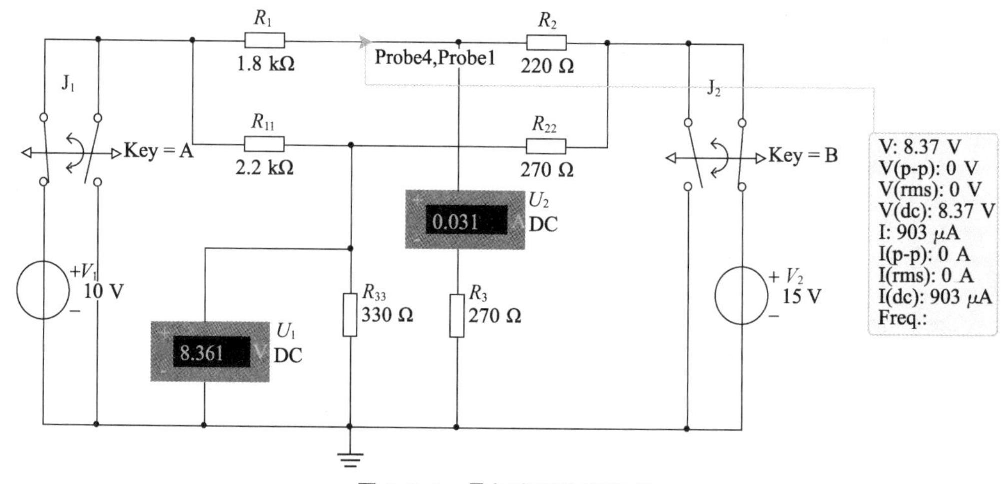

图 2.2.4 叠加定理仿真电路

(2) 任选电路图中一条支路，测量所有电源都作用时该支路的电压和电流。

(3) 分别测量每个电源单独作用时该支路的电压和电流，将结果填入表 2.2.2 中，验证叠加定理。

表 2.2.2　实验数据表

电源电压/V	支路电压/V		支路电流/mA	
	Multisim	实验板	Multisim	实验板
$U_{S1}=10$　$U_{S2}=15$				
$U_{S1}=10$　$U_{S2}=0$				
$U_{S1}=0$　$U_{S2}=15$				

(4) 利用 Multisim 函数发生器生成交流电源来替代图 2.2.4 中的直流电源，用示波器和动态探针测试交流参数，验证叠加定理。

(5) 利用电压源替代任意电阻支路，用测试探针测量其他支路的电压、电流，验证置换定理。

3. 在电路板上按图 2.2.3 焊接实验电路。调节并校准电压源 U_{S1}、U_{S2} 后，按图 2.2.3 连接到电路中。选择 R_{33} 支路测量电压，选择 R_3 支路测量电流。

4. 只接入电压源 U_{S1}，断开 U_{S2} 并使 3、4 端短路。支路选择和测量方法与步骤 3 一致。

5. 只接入电压源 U_{S2}，断开 U_{S1} 并使 1、2 端短路。支路选择和测量方法与步骤 3 一致。将测量结果填入表 2.2.2 中。

五、实验报告要求

1. 写明实验原理及实验步骤。
2. 根据实验内容，用 Multisim 软件绘制电路原理图并记录测试数据。
3. 记录交流电源作用时叠加定理的实验波形。
4. 记录实验板的测试数据。
5. 根据测试数据，进行相关计算分析，得出实验结论。

实验 3　运算放大器电路

理　论

一、实验原理

运算放大器是一个放大倍数很大(一般大于 100 000)的器件,如图 2.3.1 所示。在使用放大器时一般有两种方法:一种是接成反馈电路,另一种是没有反馈。判断反馈,就是看放大器的输出端和输入端有无直接或间接的联系。

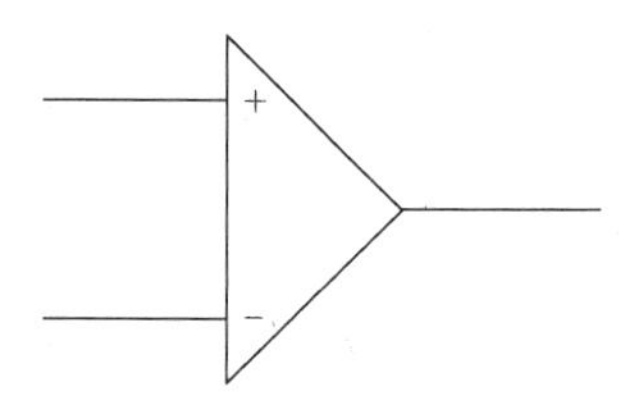

图 2.3.1　运算放大器

1. 反馈方式。

反馈方式有两种,即正反馈和负反馈。判断的方法就是反馈接在正向输入端的就是正反馈,接在反向输入端的就是负反馈。也有的电路同时使用这两种反馈。

2. 放大器的工作状态。

放大器的工作状态有两种,即放大状态和饱和状态。当处于放大状态时一般采用两个简单的方法分析电路,即虚短和虚断。虚短就是认为正反向输入端电压差为零,虚断就是认为正反向输入端电流为零。

一般使用负反馈时,放大器电路处于放大状态。使用正反馈或无反馈时,放大器电路处于饱和状态。

3. 运算放大器的应用。

运算放大器的最基本用处就是可以放大信号,也常用在触发电路、比较电路、滤波电路等电路中。

放大信号:选择输入电阻和反馈电阻的阻值,得到合适的放大倍数。

比较器:把输入信号和参考信号分别接在正反向输入端,输出信号就是一个饱和电压,电压值接近正负电源电压。

4. 利用运算放大器实现受控源电路,如图 2.3.2 所示。

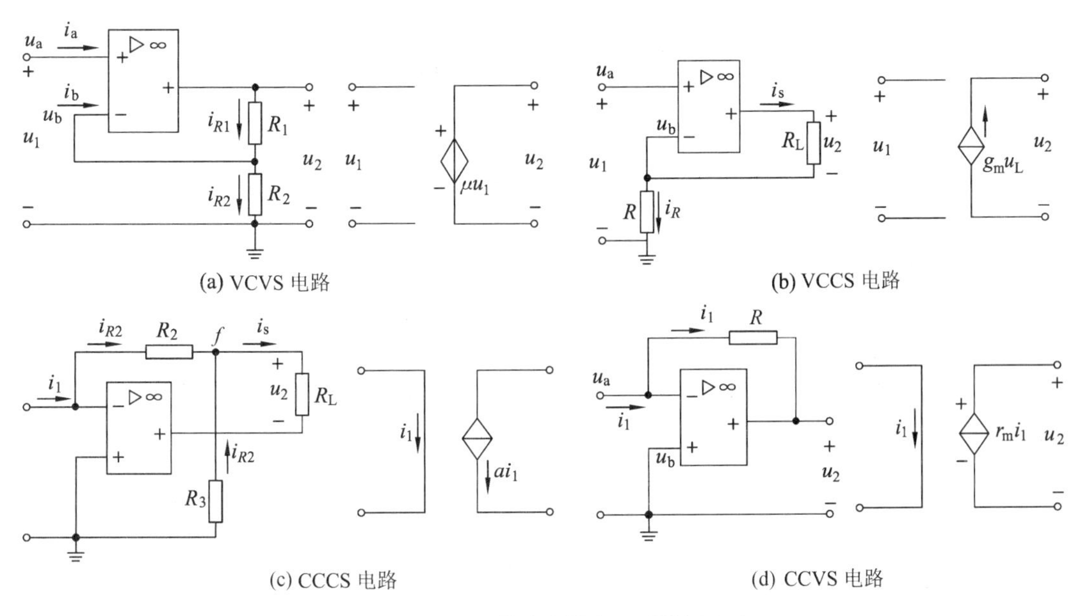

图 2.3.2　用运算放大器实现受控源电路

二、实验方法

在不同的连接方法下，测试放大器正反向输入端的电压和电流值，分析放大器的实际工作状态，并和理论分析进行比较，加深对放大器电路的分析和使用方法的认识。

三、实验注意事项

1. 运算放大器是有源器件，必须提供电源才能工作。若想得到负的输出，则需要正负电源。
2. 放大器的输入信号必须和放大器电源共地。
3. 注意集成块电源的正负。

实　验

一、实验目的

1. 掌握放大器的分析方法和使用原理。
2. 理解放大器电路中的反馈概念。
3. 学习如何利用运算放大器实现受控源电路，加深对受控源的认识。
4. 掌握用 Multisim 软件绘制电路原理图。
5. 学习 Multisim 软件中设置运算放大器及分析含运算放大器电路的方法。
6. 掌握 Multisim 软件中 Transient Analysis、Parameter Sweep 等 SPICE 仿真分析方法。

二、实验仪器与器件

1. 万用表一只。
2. 直流稳压电源一台。
3. 集成运算放大器一个。
4. 电阻若干。

三、预习要求

1. 熟悉运算放大器的工作原理。
2. 了解实际放大器的管脚图。
3. 了解 Multisim 仿真软件的使用方法。
4. 掌握如何用运算放大器实现受控源电路。
5. 撰写预习报告。

四、实验内容

1. 放大信号电路测试。

在电路板上按图 2.3.3 焊接电路，调节双路电源电压分别为＋10 V、－10 V。使用变阻器分压产生－10～＋10 V 连续可调电压，并和U_i连接作为输入信号。改变输入信号，同时测量并记录输入信号、输出信号及U_-。要求至少测量 10 组值，测量数据分布要均匀。将测量结果填入表 2.3.1 中。

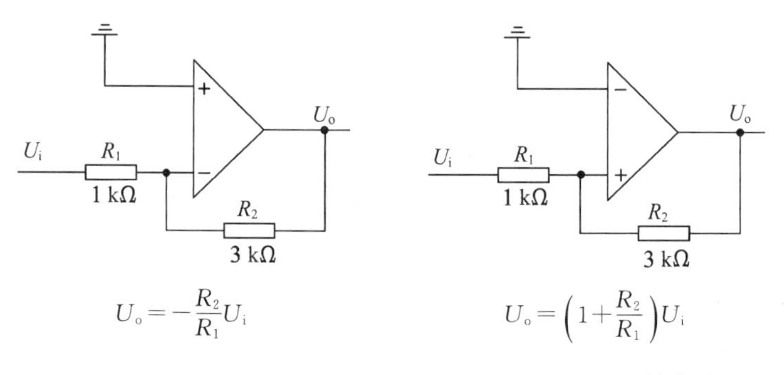

图 2.3.3 负反馈电路　　图 2.3.4 正反馈电路

表 2.3.1 实验数据表

U_i/V											
U_o/V											
U_-/V											

2. 触发电路测试。

在电路板上按图 2.3.4 连接电路。改变输入信号，同时测量并记录输入信号、输出信号及U_+。要求至少测量 10 组数据，测量数据分布要合理。注意观察并记录输出信号跳变时的电路状态。将测量结果填入表 2.3.2 中。

表 2.3.2　实验数据表

U_i/V											
U_o/V											
U_+/V											

3. 用 Multisim 软件创建运算放大器组成的受控源电路，如图 2.3.5 所示，记录相关数据。

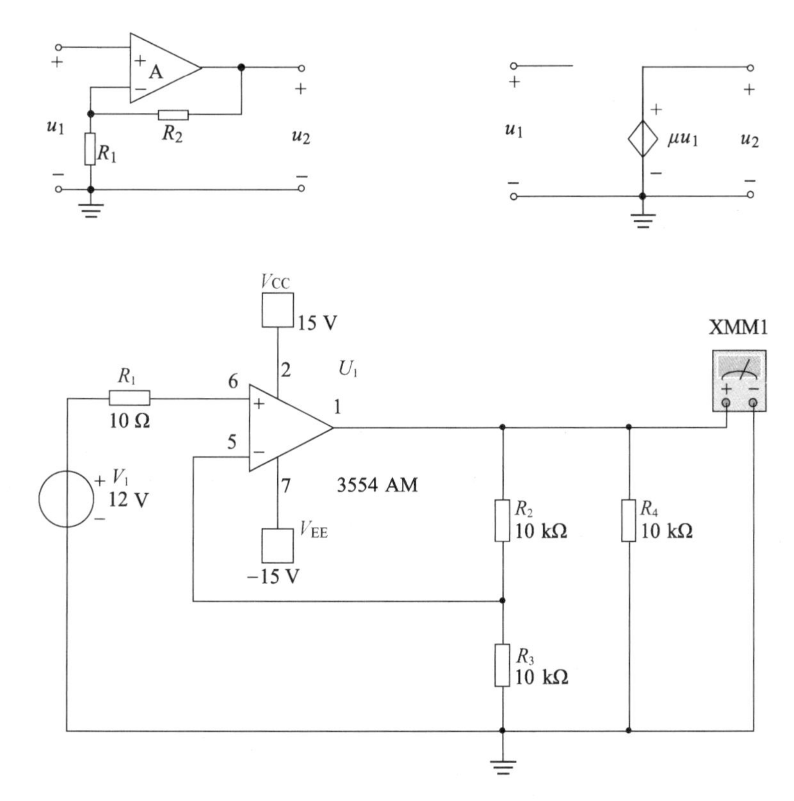

图 2.3.5　运算放大器组成的受控源仿真电路

五、实验报告要求

1. 写明实验过程，填写数据记录表格。
2. 根据测量数据，绘制放大电路特性曲线和触发电路特性曲线。
3. 用 Multisim 软件绘制各受控源电路原理图并记录测试数据。
4. 根据特性曲线以及放大器工作原理，描述放大器的使用特点。

六、实验思考题

1. 根据实验数据，说明虚短和虚断在什么条件下成立。
2. 在放大器电路中，输入信号超过一定范围后，运算放大器输出为何不再变化？

实验 4　一阶电路的动态响应

理　论

一、实验原理

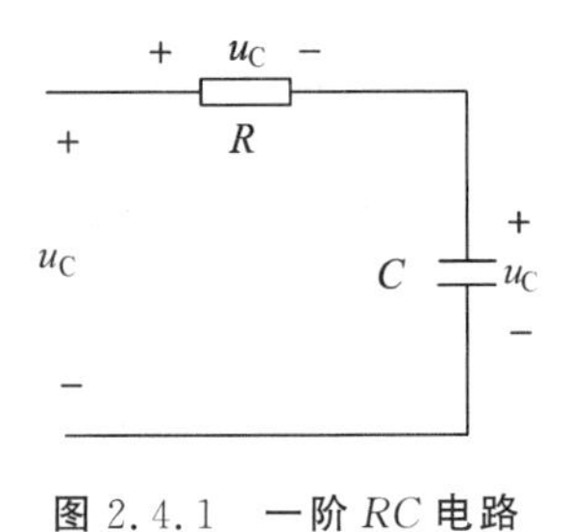

图 2.4.1　一阶 RC 电路

含有一个独立贮能元件，可以用一阶微分方程来描述的电路，称为一阶电路。如图 2.4.1 所示的 RC 串联电路，输入为一个阶跃电压 $U_S\varepsilon(t)$[$\varepsilon(t)$为单位阶跃函数]，电容电压的初始值为 $u_C(0^+)=U_0$，则电路的全响应为

$$\begin{cases} RC\dfrac{du_C}{dt}+u_C=U_S \\ u_C(0^+)=U_0 \end{cases}$$

解得

$$u_C(t)=U_0e^{-\frac{1}{RC}}+U_S(1-e^{-\frac{1}{RC}})\quad t\geqslant 0$$

1. 零输入响应。

当 $U_S=0$，电容的初始电压 $u_C(0^+)=U_0$ 时，电路的响应称为零输入响应，即

$$u_C(t)=U_0e^{-\frac{1}{RC}}\quad t\geqslant 0$$

如图 2.4.2 所示，其输出波形是单调下降的。当 $t=\tau=RC$ 时，$u_C(\tau)=U_0/e=0.368U_0$，τ 称为该电路的时间常数。

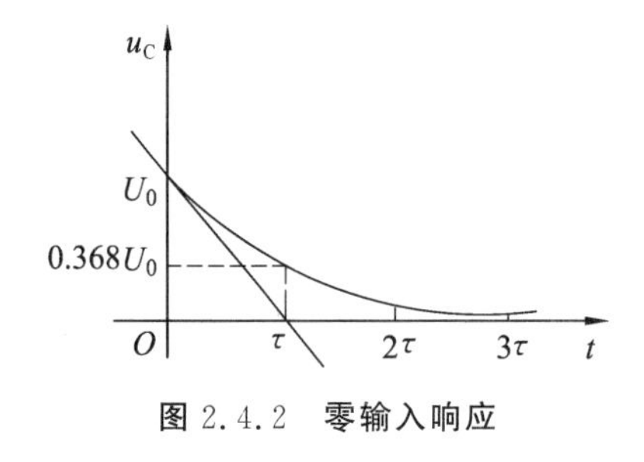

图 2.4.2　零输入响应

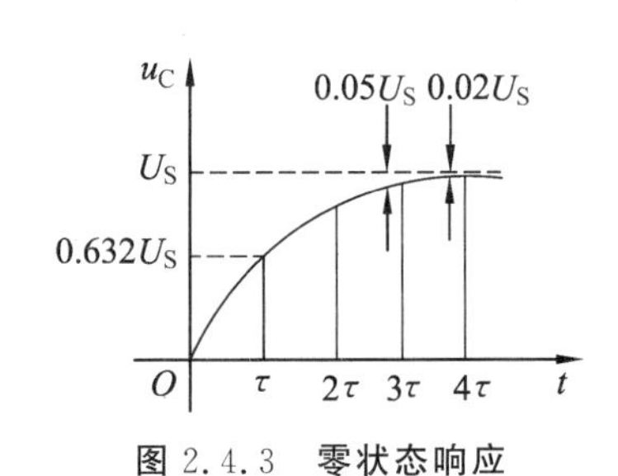

图 2.4.3　零状态响应

2. 零状态响应。

当电容电压的初始值 $u_C(0^+)=0$，而输入为阶跃电压 $u_S=U_S(t)$ 时，电路的响应称为零状态响应，即

$$u_C(t)=U_S(1-e^{-\frac{1}{RC}})\quad t\geqslant 0$$

如图 2.4.3 所示，电容电压由零逐渐上升到 U_S，电路时间常数 $\tau=RC$ 决定上升的快慢，当 $t=\tau$ 时，$u_C(t)=0.632U_S$。

二、实验方法

1. 示波器的使用。

使用示波器测量信号，首先示波器必须能稳定显示被测信号，再通过幅度和时间挡位的调节，在示波器上显示一个大小适当的信号波形。

若想稳定显示被测信号，必须保证扫描信号周期是被测信号周期的整数倍。示波器中扫描信号的产生源，可以使用触发源（SOURCE）选择，一般选择被测信号，即通道 1（CH1）或通道 2（CH2），再调节触发电平（LEVEL）旋钮，就能得到稳定波形。

2. 完整充放电过程。

方波周期过长或过短都不合适，图 2.4.4(a)中周期选择最合适；图 2.4.4(b)中周期过长，使得充放电过程不明显；图 2.4.4(c)中周期过短，使充电过程还没完成就开始放电。

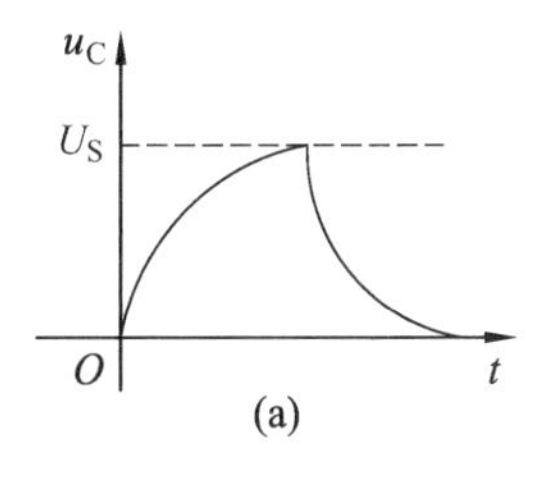

(a)

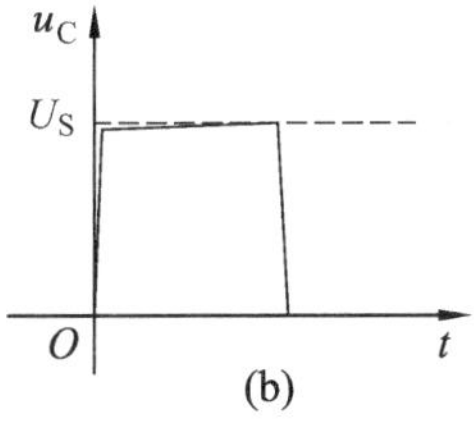

(b)

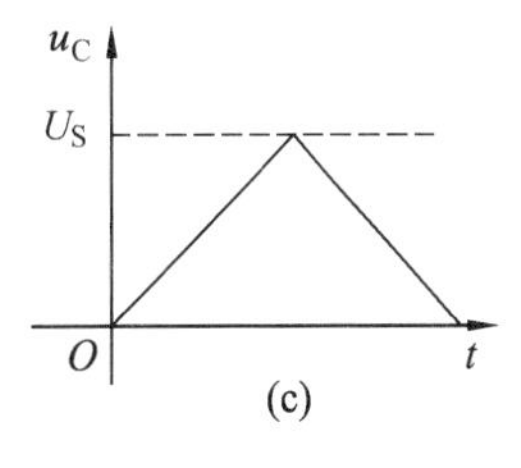

(c)

图 2.4.4　充放电过程

3. 时间常数的测量。

由图 2.4.3 可看到，在充放电过程完整的前提下，$0.632U_S$ 幅值对应的时间点即时间常数。

三、实验注意事项

1. 注意示波器的输入接地端和信号发生器的接地端必须接在一起。这样的限制和仪器的内部工作原理有关。

2. 在观察和记录各信号波形时，注意和输入信号的相位（时间）关系。因此应使用双通道。

实　验

一、实验目的

1. 熟悉示波器的使用方法。
2. 掌握一阶电路动态响应特性的测试方法。
3. 掌握使用示波器测量时间常数的方法。
4. 掌握用 Multisim 软件绘制电路原理图的方法。
5. 掌握 Multisim 软件中函数发生器、示波器和波特图仪的使用方法。
6. 掌握电路板的焊接技术以及直流电源、万用表等仪表的使用方法。
7. 掌握 Origin 绘图软件的应用方法。

二、实验仪器与器件

1. 计算机一台。
2. 通用电路板一块。
3. 万用表一只。
4. 信号发生器一台。
5. 示波器一台。
6. 电阻(330 Ω、1 kΩ)若干。
7. 电容(0.01 μF、0.1 μF)若干。

三、预习要求

1. 弄清一阶电路的零输入响应、零状态响应的概念。
2. 熟悉示波器的使用方法。
3. 了解 Multisim 仿真软件的使用方法。
4. 撰写预习报告。

四、实验内容

1. Multisim 仿真。

(1) 创建电路:从元器件库中选择可变电阻、可变电容,创建如图 2.4.5 所示的电路,同时接入函数发生器和示波器。

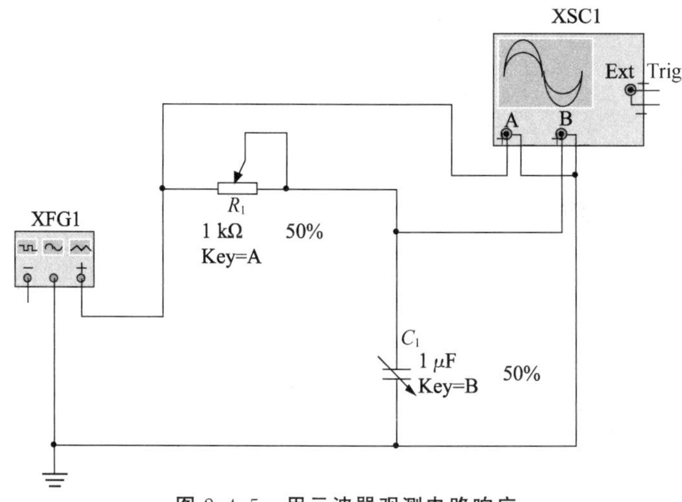

图 2.4.5 用示波器观测电路响应

(2) 输入信号由函数发生器提供:矩形波、频率 1 kHz、占空比 50%、幅值 2.5 V、偏置 2.5 V。

(3) 改变电阻、电容参数,用示波器观测电容电压并记录。

(4) 将示波器改成波特图仪,用图 2.4.6 所示的电路测量电路的幅频特性和相频特性,观测其传输特性。

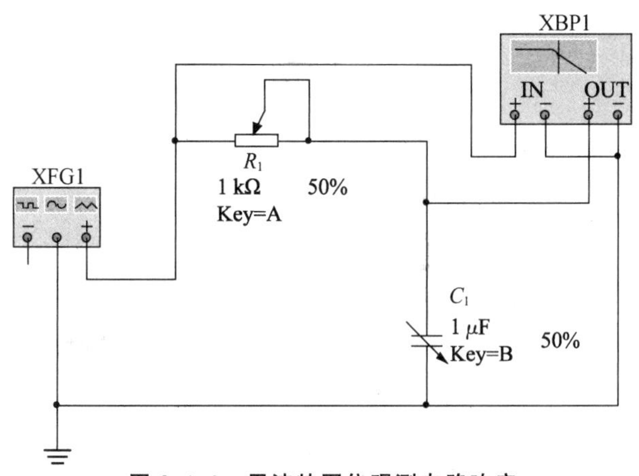

图 2.4.6　用波特图仪观测电路响应

2. 示波器的校准。

将 CH1 和 CH2 探头都连接到示波器的校准端子 CAL，使测试信号在示波器上稳定显示，测量其频率和幅值，并与校准端子标出值比较，看是否一致。

3. 选择一组电阻和电容，按图 2.4.7 焊接实验电路。输入信号使用信号发生器产生，输入信号频率要适中。测试并记录输入电压、电容电压、电流波形和时间常数。测试过程中，必须保证示波器和信号发生器的接地端连接在一起。测试电容电压时仪器连接方法如图 2.4.7(a)所示，测试电流时如图 2.4.7(b)所示。两图中器件位置是不同的。将测量结果填入表 2.4.1 中。

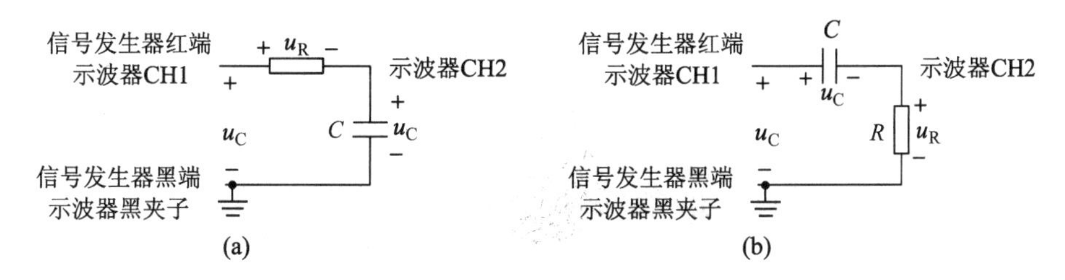

图 2.4.7　仪器连接方法

表 2.4.1　实验数据表

t(　　)											
u_S(　　)											
u_C(　　)											
u_R(　　)											
时间常数 τ											

4. 更换电阻，再如步骤 3 测试并记录输入电压、电容电压、电流波形和时间常数。

5. 更换电容，再如步骤 3 测试并记录输入电压、电容电压、电流波形和时间常数。

五、实验报告要求

1. 用 Multisim 软件绘制电路原理图并记录实验波形。
2. 写明实验过程，填写数据记录表格。
3. 根据测量数据，绘制时间响应曲线，说明充放电过程中电压和电流的变化情况。
4. 对比三组数据，说明器件参数对充放电时间常数的影响。
5. 根据测量数据，用 Origin 绘图软件绘制波形图。

六、实验思考题

1. 若不将信号发生器和示波器的接地端接在一起，测出的信号会是怎样的？
2. 若充电过程不完整，能否使用示波器测出时间常数？

实验 5　二阶电路的动态响应

理　论

一、实验原理

用二阶微分方程描述的动态电路称为二阶电路。图 2.5.1所示的线性 RLC 串联电路是一个典型的二阶电路，可以用下述二阶线性常系数微分方程来描述：

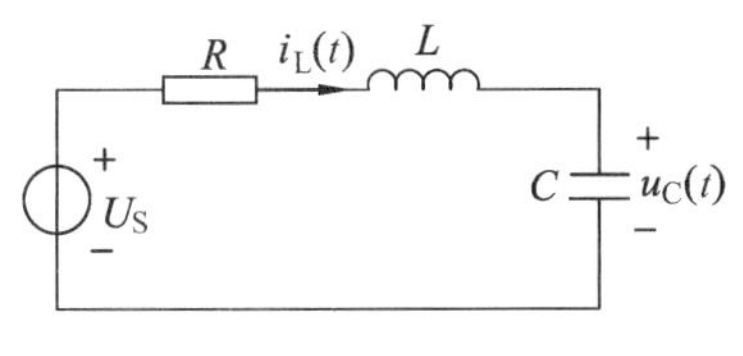

图 2.5.1　RLC 串联二阶电路

$$LC\frac{d^2u_C}{dt^2}+RC\frac{du_C}{dt}+u_C=U_S \tag{2.5.1}$$

初始值为

$$u_C(0^-)=U_0$$

$$\left.\frac{du_C(t)}{dt}\right|_{t=0^-}=\frac{i_L(0^-)}{C}=\frac{I_0}{C}$$

求解该微分方程，可以得到电容上的电压 $u_C(t)$。再根据 $i_C(t)=C\dfrac{du_C}{dt}$可求得 $i_C(t)$，即回路电流 $i_L(t)$。

式(2.5.1)的特征方程为

$$LCp^2+RCp+1=0$$

特征值为

$$p_{1,2}=-\frac{R}{2L}\pm\sqrt{\left(\frac{R}{2L}\right)^2-\frac{1}{LC}}=-\alpha\pm\sqrt{\alpha^2-\omega_0^2} \tag{2.5.2}$$

定义衰减系数(阻尼系数)$\alpha=\dfrac{R}{L}$，自由振荡角频率(固有频率)$\omega_0=\dfrac{1}{\sqrt{LC}}$。

由式(2.5.2)可知，RLC 串联电路的响应类型与元件参数有关。

1. 零输入响应。

动态电路在没有外施激励时，由动态元件的初始储能引起的响应，称为零输入响应。

电路如图 2.5.2 所示，设电容已经充电，其电压为 U_0，电感的初始电流为 0。

(1) 当 $R>2\sqrt{\frac{L}{C}}$ 时，响应是非振荡性的，称为过阻尼情况。

电路响应为

$$u_C(t)=\frac{U_0}{p_2-p_1}(p_2 e^{p_1 t}-p_1 e^{p_2 t})$$
$$i(t)=\frac{-U_0}{L(p_2-p_1)}(e^{p_1 t}-e^{p_2 t}) \qquad t\geqslant 0$$

响应曲线如图 2.5.3 所示。可以看出：$u_C(t)$ 由两个单调下降的指数函数组成，为非振荡的过渡过程。整个放电过程中电流为正值，且当 $t_m=\frac{\ln\frac{p_2}{p_1}}{p_1-p_2}$ 时，电流有极大值。

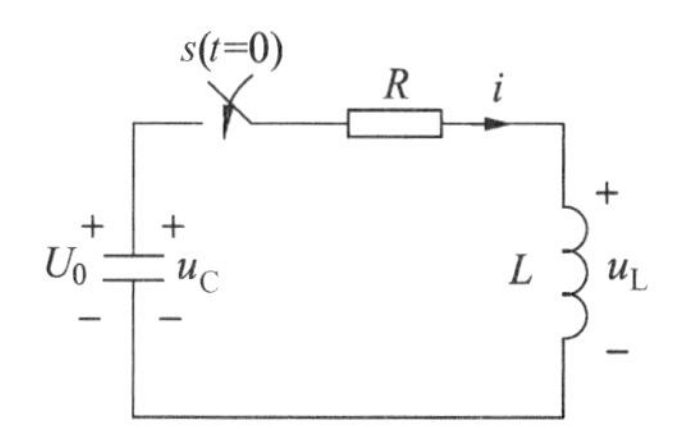

图 2.5.2　RLC 串联零输入响应电路

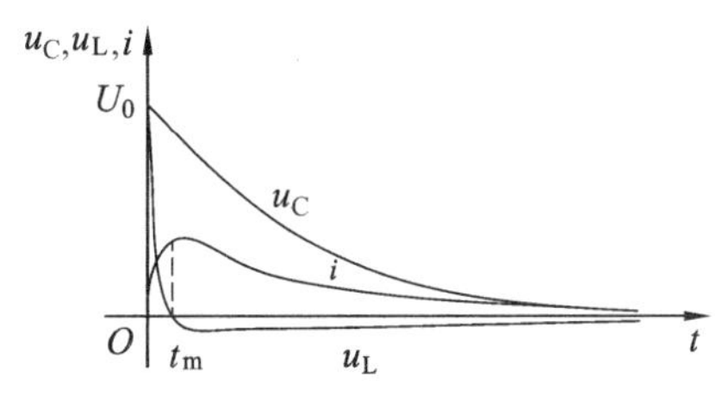

图 2.5.3　二阶电路的过阻尼过程

(2) 当 $R=2\sqrt{\frac{L}{C}}$ 时，响应是临界振荡，称为临界阻尼情况。

电路响应为

$$u_C(t)=U_0(1+\alpha t)e^{-\alpha t}$$
$$i(t)=\frac{U_0}{L}t\,e^{-\alpha t} \qquad t\geqslant 0$$

响应曲线如图 2.5.4 所示。

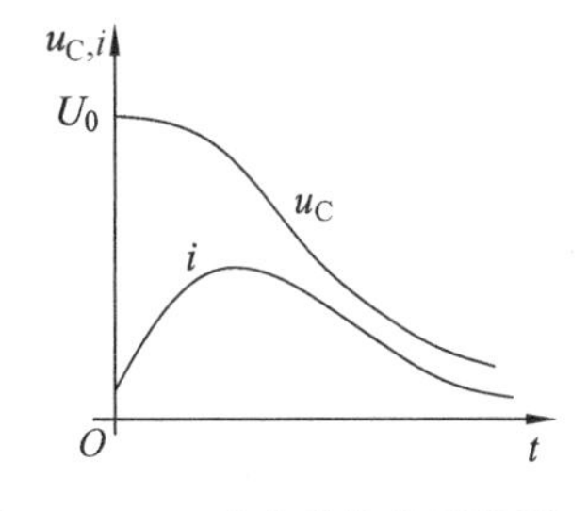

图 2.5.4　二阶电路的临界阻尼过程

(3) 当 $R<2\sqrt{\frac{L}{C}}$ 时，响应是振荡性的，称为欠阻尼情况。

电路响应为

$$u_C(t)=\frac{\omega_0}{\omega_d}U_0 e^{-\alpha t}\sin(\omega_d t+\beta)$$
$$i(t)=\frac{U_0}{\omega_d L}e^{-\alpha t}\sin\omega_d t \qquad t\geqslant 0$$

其中衰减振荡角频率 $\omega_d=\sqrt{\omega_0^2-\alpha^2}=\sqrt{\frac{1}{LC}-\left(\frac{R}{2L}\right)^2}$，$\beta=\arctan\frac{\omega_d}{\alpha}$。响应曲线如图 2.5.5 所示。

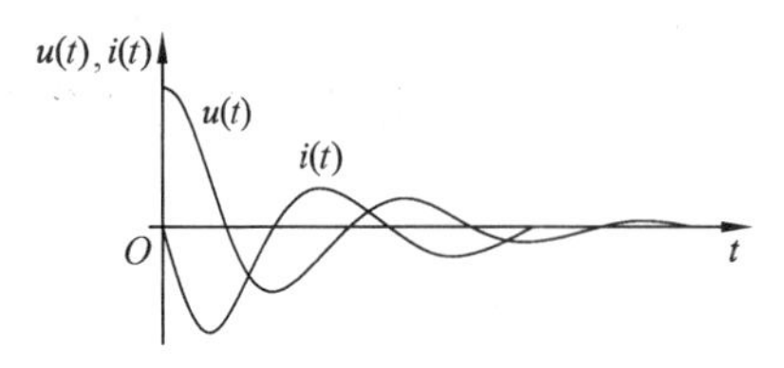

图 2.5.5 二阶电路的欠阻尼过程

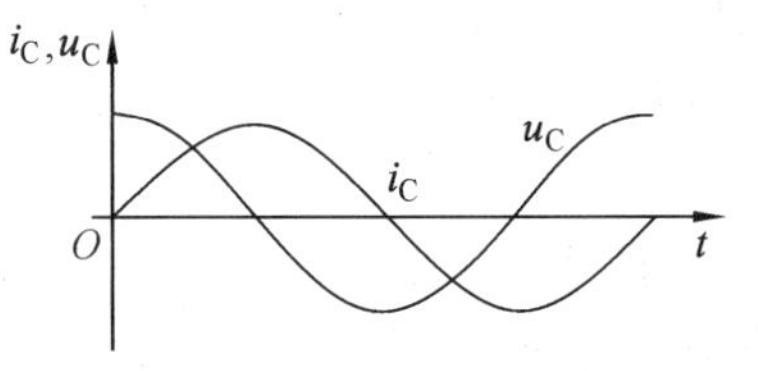

图 2.5.6 二阶电路的无阻尼过程

(4) 当 $R=0$ 时，响应是等幅振荡性的，称为无阻尼情况。

电路响应为

$$\left.\begin{aligned} u_C(t) &= U_0\cos\omega_0 t \\ i(t) &= \frac{U_0}{\omega_0 L}\sin\omega_0 t \end{aligned}\right\} \quad t\geqslant 0$$

响应曲线如图 2.5.6 所示。理想情况下，电压、电流是一组相位互差 90°的曲线，由于无能耗，所以为等幅振荡。等幅振荡角频率即自由振荡角频率 ω_0。

注意：在无源网络中，由于导线、电感的直流电阻和电容器的介质损耗存在，R 不可能为零，故实验中不可能出现等幅振荡。

2. 零状态响应。

动态电路的初始储能为零，由外施激励引起的电路响应，称为零状态响应。

根据方程(2.5.1)，电路零状态响应的表达式为

$$\left.\begin{aligned} u_C(t) &= U_S - \frac{U_S}{p_2-p_1}(p_2 e^{p_1 t} - p_1 e^{p_2 t}) \\ i(t) &= -\frac{U_S}{L(p_2-p_1)}(e^{p_1 t} - e^{p_2 t}) \end{aligned}\right\} \quad t\geqslant 0$$

与零输入响应类似，电压、电流的变化规律取决于电路结构、电路参数，可以分为过阻尼、欠阻尼、临界阻尼三种充电过程。

3. 状态轨迹。

对于图 2.5.1 所示的电路，也可以将两个一阶微分方程联立(即状态方程)来求解：

$$\begin{cases} \dfrac{di_C(t)}{dt} = \dfrac{i_L(t)}{C} \\ \dfrac{di_L(t)}{dt} = -\dfrac{Ri_L(t)}{L} - \dfrac{u_C(t)}{L} + \dfrac{U_L}{L} \end{cases}$$

初始值为

$$u_C(0^-) = U_0$$
$$i_L(0^-) = I_0$$

其中，$u_C(t)$ 和 $i_L(t)$ 为状态变量，对于所有 $t\geqslant 0$ 的不同时刻，由状态变量在状态平面上所确定的点的集合，就叫作状态轨迹。

二、实验方法

1. 为方便起见，可以用方波信号作为电路的输入信号，调节方波信号的周期，从而观测到完整的响应曲线，即可分别观察零状态响应和零输入响应。

2. 响应曲线的测量。

回路中的电阻可用一固定电阻 R_1 与一可变电阻 R_2 替代，调节可变电阻器的值，即可观察到二阶电路的零输入响应和零状态响应由过阻尼过渡到临界阻尼，最后过渡到欠阻尼的变化过程。

3. 衰减振荡角频率 ω_d 和衰减系数 α 的测定。

以方波信号作为电路的输入信号，使方波周期 $T \ll \alpha$，从示波器上观察到欠阻尼响应的波形如图 2.5.7 所示，读出振荡周期 T_d，则

$$\omega_d = 2\pi f_d = \frac{2\pi}{T_d}$$

$$\alpha = \frac{1}{T_d} \ln \frac{h_1}{h_2}$$

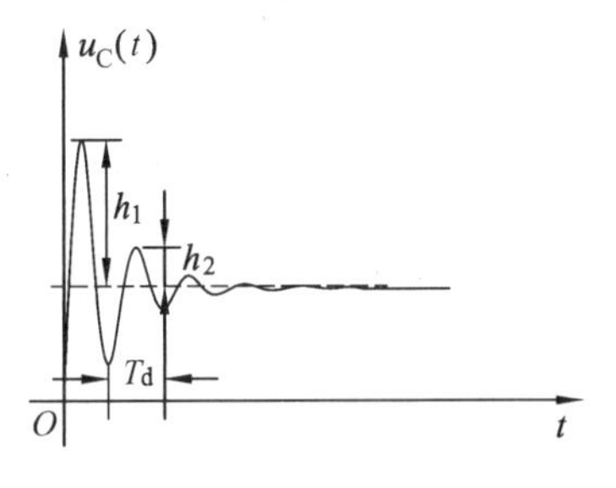

图 2.5.7 二阶欠阻尼响应的波形

其中 h_1、h_2 分别是两个连续波峰的峰值。

4. 状态轨迹的测定。

将示波器置于水平工作方式。当 Y 轴输入 $u_C(t)$ 波形，X 轴输入 $i_L(t)$ 波形时，适当调节 Y 轴和 X 轴的幅值，即可在荧光屏上显现出状态轨迹的图形，如图 2.5.8 所示。

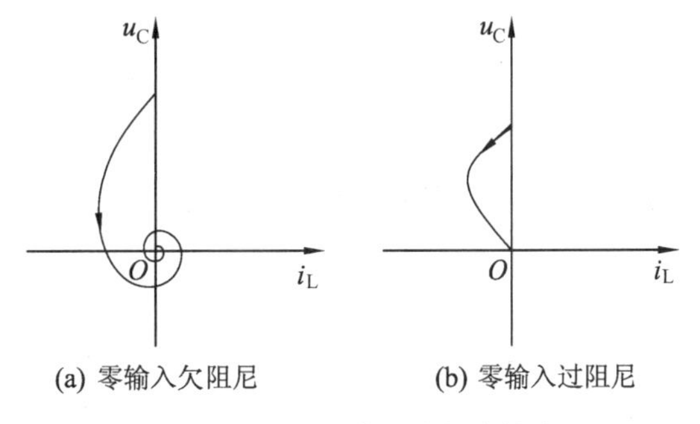

(a) 零输入欠阻尼　　(b) 零输入过阻尼

图 2.5.8 二阶电路的状态轨迹

三、实验注意事项

1. 对于回路的总电阻，要考虑到实际电感器中的直流电阻 R_L 和电流取样电阻 r。
2. 调节 R_2 时，要细心、缓慢，临界阻尼要找准。
3. 为清楚地观察波形，可将一个完整周期内的波形尽可能放大。
4. 实验时注意各个仪器的接地端相连。

实　验

一、实验目的

1. 深刻理解和掌握零输入响应、零状态响应及完全响应。
2. 深刻理解欠阻尼、临界阻尼、过阻尼的意义。
3. 研究电路元件参数对二阶电路动态响应的影响。
4. 掌握用 Multisim 软件绘制电路原理图的方法。

5. 掌握 Multisim 软件中的 Transient Analysis 等 SPICE 仿真分析方法。

6. 掌握 Multisim 软件中函数发生器、示波器和波特图仪的使用方法。

二、实验仪器与器件

1. 计算机一台。
2. 通用电路板一块。
3. 低频信号发生器一台。
4. 交流毫伏表一台。
5. 双踪示波器一台。
6. 万用表一只。
7. 可变电阻一只。
8. 电阻若干。
9. 电感、电容(电感 10 mH、4.7 mH，电容 22 nF)若干。

三、预习要求

1. 根据二阶实验电路元件的参数,计算出处于临界阻尼状态的 R_2 的值。

2. 弄清利用示波器测得的响应曲线计算欠阻尼状态的衰减常数 α 和振荡频率 ω_d 的理论依据。

3. 思考在欠阻尼过渡过程中,电路中能量的转化过程。

4. 了解 Multisim 仿真软件的使用方法。

5. 撰写预习报告。

四、实验内容

1. Multisim 仿真。

(1) 从元器件库中选择可变电阻、电容、电感,创建如图 2.5.9 所示的电路。

(2) 设置 L_1=10 mH、C_1=22 nF,电容初始电压为 5 V,电源电压为 10 V。利用 Transient Analysis 观测电容两端的电压。

(3) 用 Multisim 瞬态分析仿真零输入响应(欠阻尼、临界阻尼、过阻尼三种情况);在同一张图中画出三条曲线,标出相应阻值。

(4) 用 Multisim 瞬态分析仿真全响应(欠阻尼、临界阻尼、过阻尼三种情况);在同一张图中画出三条曲线,标出相应阻值。

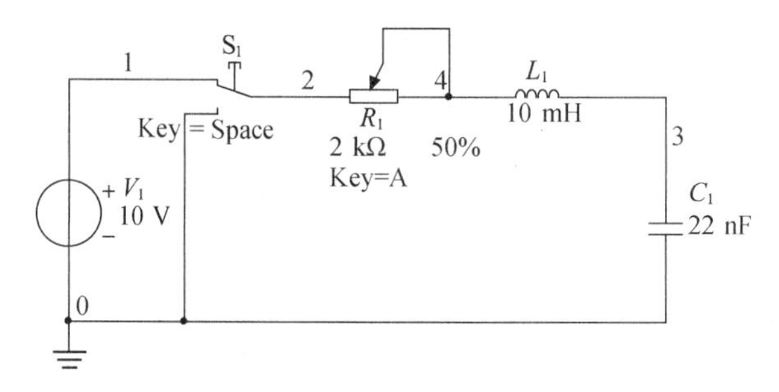

图 2.5.9 *RLC* 串联电路

(5) 利用 Multisim 中函数发生器、示波器和波特图仪创建如图 2.5.10 所示的电路，观测各种响应。函数信号发生器设置：方波、频率 1 kHz、幅值 5 V、偏置 5 V。

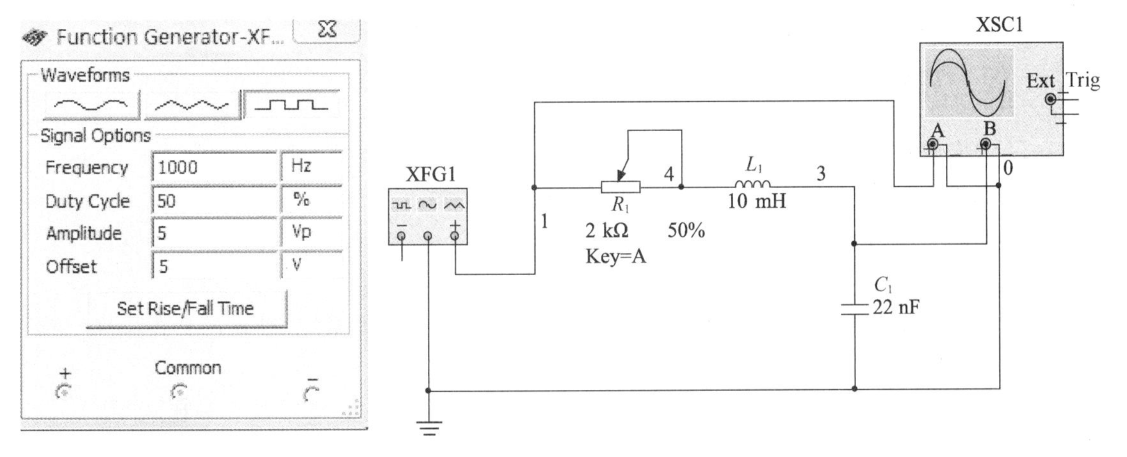

图 2.5.10 *RLC* 串联电路瞬态分析

2. 在电路板上按图 2.5.11($R_1=100\ \Omega$、$L=10$ mH、$C=47$ nF)焊接实验电路。

3. 调节可变电阻器 R_2，观察二阶电路的零输入响应和零状态响应由过阻尼过渡到临界阻尼，最后过渡到欠阻尼的变化过程，分别定性地描绘、记录响应的典型变化波形，按表 2.5.1 记录所测数据和波形。

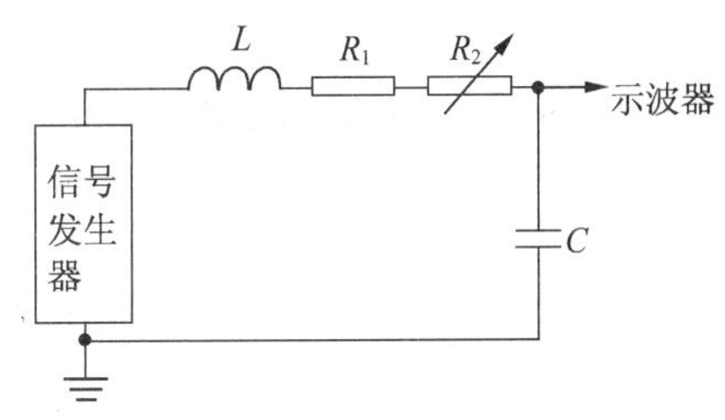

图 2.5.11 二阶电路实验电路

表 2.5.1 二阶电路动态响应的波形数据

	过阻尼 $R_2=$	临界阻尼 $R_2=$	欠阻尼 $R_2=$
零输入响应波形			
零状态响应波形			

4. 调节 R_2 使示波器荧光屏上呈现稳定的欠阻尼响应波形，定量测定此时电路的衰减常数 α 和振荡频率 ω_d，按表 2.5.2 记录所测数据。

表 2.5.2 欠阻尼响应的波形数据

<table>
<tr><td>波形</td><td>R</td><td>L</td><td>C</td><td>振荡周期 T_d</td><td>第一波峰峰值 h_1</td><td>第二波峰峰值 h_2</td></tr>
<tr><td rowspan="4"></td><td></td><td></td><td></td><td></td><td></td><td></td></tr>
<tr><td colspan="3">$R_2=$</td><td colspan="2">理论值</td><td>测量值</td></tr>
<tr><td colspan="3">衰减振荡角频率 ω_d</td><td colspan="2"></td><td></td></tr>
<tr><td colspan="3">衰减系数 α</td><td colspan="2"></td><td></td></tr>
</table>

5. 改变一组电路参数，如增、减 L 或 C 的值，重复步骤 3 的测量，并作记录。

6. 对欠阻尼情况,在改变电阻 R 时,观察衰减振荡角频率 ω_d 及衰减系数 α 对波形的影响。

7. 利用状态轨迹分析零输入响应和零状态响应。

8. 观察并描绘电路元件参数及电路初始值对状态轨迹的影响。

五、实验报告要求

1. 写明实验步骤,填写数据记录表格。

2. 用 Multisim 软件绘制电路原理图并记录实验波形。

3. 在同一张图中画出零输入响应的三条曲线(欠阻尼、临界阻尼、过阻尼三种情况),标出相应阻值。

4. 在同一张图中画出零状态响应的三条曲线(欠阻尼、临界阻尼、过阻尼三种情况),标出相应阻值。

5. 利用欠阻尼响应波形,定量计算一组电路参数下电路的衰减常数 α 和振荡频率 ω_d,分析衰减振荡角频率 ω_d 及衰减系数 α 对波形的影响。

6. 观察改变电路参数时,ω_d 与 α 的变化趋势,并作记录。

7. 根据实验参数,计算欠阻尼情况下方波响应中的 ω_d 数值,并与实测数据相比较,分析误差原因。

8. 归纳、总结电路和元件参数的改变对响应变化趋势的影响。

六、实验思考题

1. 如果矩形脉冲的频率提高(如 2 kHz),对所观察到的波形是否有影响?

2. 当 RLC 电路处于过阻尼情况时,若再增加回路的电阻 R,对过渡过程有何影响?当电路处于欠阻尼情况时,若再减小回路的电阻 R,对过渡过程又有何影响?为什么?在什么情况下电路达到稳态的时间最短?

3. 在欠阻尼过渡过程中,电路中能量的转化情况如何?

实验 6　串联谐振电路

理　论

一、实验原理

RLC 串联电路如图 2.6.1 所示,改变电路参数 L、C 或电源频率时,都可能使电路发生谐振。

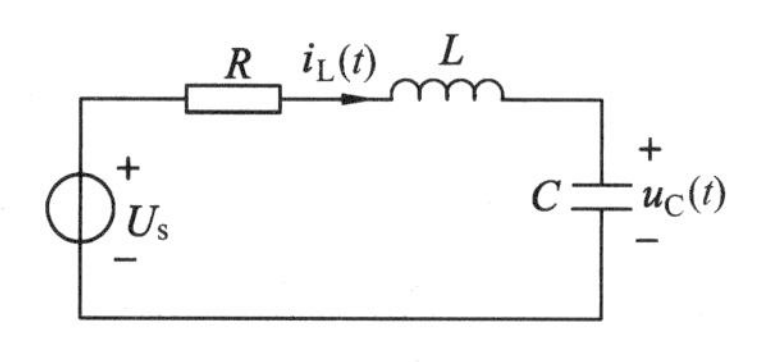

图 2.6.1　RLC 谐振串联电路

该电路的阻抗是电源角频率 ω 的函数,即

$$Z=R+j\left(\omega L-\frac{1}{\omega C}\right) \qquad (2.6.1)$$

当 $\omega L-\dfrac{1}{\omega C}=0$ 时,电路中的电流与激励电压同相,电

路处于谐振状态。

谐振角频率 $\omega_0=\dfrac{1}{\sqrt{LC}}$，谐振频率 $f_0=\dfrac{1}{2\pi\sqrt{LC}}$。

谐振频率仅与元件 L、C 的数值有关，而与电阻 R 和激励电源的角频率 ω 无关。当 $\omega<\omega_0$ 时，电路呈容性，阻抗角 $\varphi<0$；当 $\omega>\omega_0$ 时，电路呈感性，阻抗角 $\varphi>0$。

1. 电路处于谐振状态时的特性。

(1) 回路阻抗 $Z_0=R$，$|Z_0|$ 为最小值，整个回路相当于一个纯电阻电路。

(2) 回路中 I_0 的数值最大，$I_0=\dfrac{U_S}{R}$。

(3) 电阻的电压 U_R 的数值最大，$U_R=U_S$。

(4) 电感上的电压 U_L 与电容上的电压 U_C 数值相等，相位相差 $180°$，$U_L=U_C=QU_S$。

2. 电路的品质因数 Q 和通频带 B。

电路发生谐振时，电感上的电压(或电容上的电压)与激励电压之比称为电路的品质因数 Q，即

$$Q=\frac{U_L(\omega_0)}{U_S}=\frac{U_C(\omega_0)}{U_S}=\frac{\omega_0 L}{R}=\frac{1}{R}\sqrt{\frac{L}{C}} \tag{2.6.2}$$

定义回路电流下降到峰值的 0.707 时所对应的频率为截止频率，介于两截止频率间的频率范围为通频带 B，即

$$B=\frac{f_0}{Q} \tag{2.6.3}$$

3. 谐振曲线。

电路中电压与电流随频率变化的特性称为频率特性，它们随频率变化的曲线称为频率特性曲线，也称为谐振曲线。

在 U_S、R、L、C 固定的条件下，有

$$I=\frac{U_S}{\sqrt{R^2+\left(\omega L-\dfrac{1}{\omega C}\right)^2}} \tag{2.6.4}$$

$$U_R=RI=\frac{R}{\sqrt{R^2+\left(\omega L-\dfrac{1}{\omega C}\right)^2}}U_S \tag{2.6.5}$$

$$U_C=\frac{1}{\omega C}I=\frac{1}{\omega C\sqrt{R^2+\left(\omega L-\dfrac{1}{\omega C}\right)^2}}U_S \tag{2.6.6}$$

$$U_L=\omega LI=\frac{\omega L}{\sqrt{R^2+\left(\omega L-\dfrac{1}{\omega C}\right)^2}}U_S \tag{2.6.7}$$

改变电源角频率 ω，可得到如图 2.6.2 所示的响应电压随电源角频率 ω 变化的谐振曲线，回路电流与电阻的电压成正比。从图中可以看出，U_R 的最大值在谐振角频率 ω_0 处，此时 $U_C=U_L=QU_S$，U_C 的最大值在 $\omega<\omega_0$ 处，U_L 的最大值在 $\omega>\omega_0$ 处。

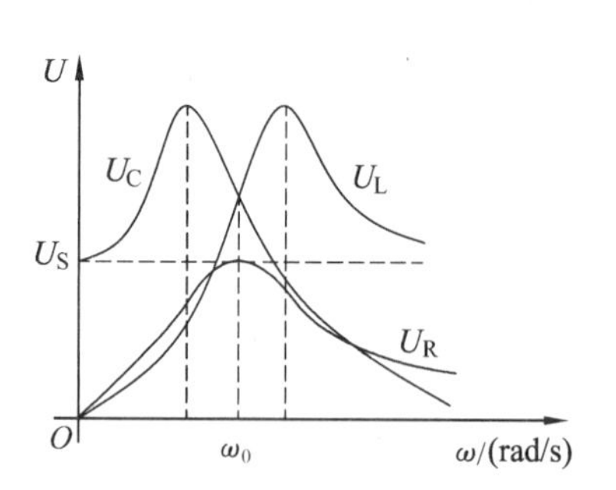

图 2.6.2 不同电源角频率 ω 时电路响应的谐振曲线

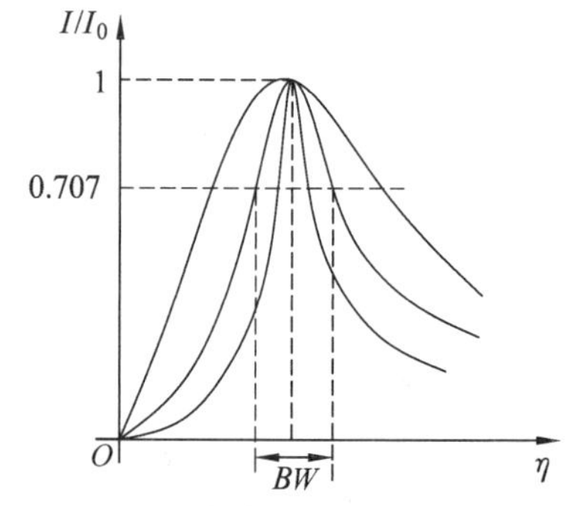

图 2.6.3 不同 Q 值时电流的频率特性曲线

图 2.6.3 则表示经过归一化处理后不同 Q 值时电流的频率特性曲线。从图中可以看出，Q 值越大，曲线尖峰值越陡峭，其选择性就越好，但电路通过的信号频带越窄，即通频带越窄。

注意：只有当 $Q>\frac{1}{\sqrt{2}}$ 时，U_C 和 U_L 曲线才出现最大值，否则 U_C 将单调下降趋于 0，U_L 将单调上升趋于 U_S。

二、实验方法

1. 测量电路谐振频率 f_0 的方法。

方法 1　维持信号源的输出幅度不变，令信号源的频率由小逐渐变大，测量 R 两端的电压 U_R，当 U_R 的读数为最大时，读得的频率值即为电路的谐振频率 f_0。

方法 2　根据电路发生谐振时，输入信号和电阻电压相位一致的特性，将这两路信号分别接入示波器的两个通道，并把示波器设定在 X-Y 模式。调节输入信号发生器的信号频率，可以在示波器上看到一个极距变化的椭圆，当椭圆变成一条直线时，此时的电路发生了谐振，输入信号的频率就是谐振频率。

2. 频率特性曲线的测量。

按图 2.6.1 组成监视、测量电路，用交流毫伏表测量电压，用示波器监视信号源输出，令其输出电压 $U_S \leqslant 3$ V，并保持不变。在谐振点两侧，按频率递增或递减(间隔 500 Hz 到 1 kHz)，依次各取 8 个测量点，逐点测出 I、U_R、U_L、U_C 的值，根据数据绘制曲线。

3. 电路回路的品质因数 Q 的测量。

测量电路发生谐振时的信号源输出电压 U_S 与电感电压 U_L 的值，根据式(2.6.2)计算回路的品质因数 Q。

4. 电流谐振曲线的测量。

令电路中的 L、C 和信号源电压不变，改变 R 的值将得到不同的 Q 值，测量不同 Q 值下的电流谐振曲线。

三、实验注意事项

1. 频率点的选择，应在靠近谐振频率附近多取几个点，频率特性上最大值点不能遗漏。

2. 在变换频率测试前，应调整信号输出幅度(用示波器监视输出幅度)，使其保持不变。

3. 在测量 U_C 和 U_L 数值前，应将毫伏表的量程改大约十倍，而在测量 U_L 与 U_C 时，毫伏表的“+”端接 C 与 L 的公共点，其接地端分别取 L 和 C 的近地端。

4. 利用式(2.6.2)计算 Q 的理论值时，电感的阻值要计入。

实　验

一、实验目的

1. 加深对串联谐振电路条件及特性的理解。
2. 掌握谐振频率的测量方法。
3. 理解电路品质因数 Q 和通频带的物理意义及其测定方法。
4. 测定 RLC 串联谐振电路的频率特性曲线。
5. 深刻理解和掌握串联谐振的意义及作用。
6. 掌握电路板的焊接技术以及信号发生器、交流毫伏表等仪表的使用方法。
7. 掌握 Multisim 软件中的 Function Generator、Voltmeter、Bode Plotter 等仪表的使用方法以及 AC Analysis 等 SPICE 仿真分析方法。
8. 掌握 Origin 软件的使用方法。

二、实验仪器与器件

1. 计算机一台。
2. 通用电路板一块。
3. 低频信号发生器一台。
4. 交流毫伏表一只。
5. 双踪示波器一台。
6. 万用表一只。
7. 可变电阻一只。
8. 电阻、电感、电容若干(电阻 100 Ω，电感 10 mH、4.7 mH，电容 100 nF)。

三、预习要求

1. 串联谐振电路元件的标称值为 $R_1=100\ \Omega$、$L_1=4.7\ \text{mH}$、$C_1=100\ \text{nF}$，计算电路的谐振频率、−3 dB 带宽、品质因数的理论值。
2. 弄清如何判别电路是否发生谐振，测试谐振点的方案有哪些。
3. 思考电路发生串联谐振时，为什么输入电压不能太大；如果信号源电压的大小为 3 V，电路谐振时，用交流毫伏表测 U_L、U_C，应该选择用多大的量程。
4. 思考要提高 RLC 串联电路的品质因数，电路参数应如何改变。
5. 撰写预习报告。

四、实验内容

1. Multisim 仿真。

(1) 创建电路:从元器件库中选择可变电阻、电容、电感,创建如图 2.6.4 所示的电路。

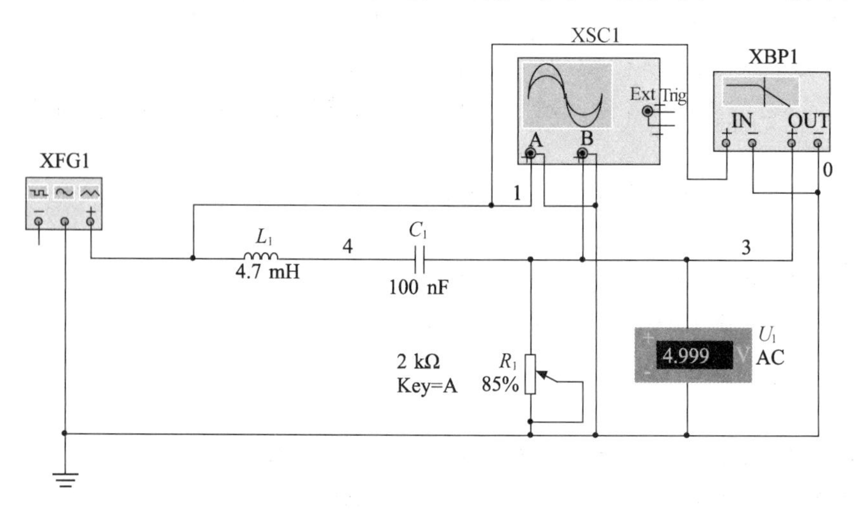

图 2.6.4 串联谐振电路

(2) 分别用 Multisim 软件(AC 仿真、波特表、交流电压表均可)测量串联谐振电路的谐振曲线、谐振频率、−3 dB 带宽。

(3) 当电阻 $R_1=1$ kΩ 时,用 Multisim 软件仿真串联谐振电路的谐振曲线,观测 R 对 Q 的影响。

(4) 利用谐振的特点设计选频网络,在串联谐振电路($R_1=100$ Ω、$L_1=4.7$ mH、$C_1=100$ nF)上输入频率为 3.5 kHz、占空比为 30%、脉冲幅度为 5 V 的方波电压信号,用 Multisim 软件测试谐振电路输入信号和输出信号(电阻上电压)的频谱,并观察两者的差别。

2. 测量元件值,计算电路谐振频率和品质因数 Q 的理论值。

3. 在电路板上根据图 2.6.1 焊接电路,将信号电压有效值设置为 1 V。

4. 用两种不同的方法测量电路的 f_0 值。

5. 测试电路板(交流电压表)上串联谐振电路的谐振曲线、谐振频率、−3 dB 带宽。

6. 随频率变化,测量电阻电压、电感电压、电容电压的值,按表 2.6.1 记录所测数据。

7. 改变电阻阻值,重复步骤 6。

表 2.6.1 *RLC* 电路响应的谐振曲线的测量

频率 f/kHz	0.5	…	$f_0-0.5$	$f_0-0.2$	f_0	$f_0+0.2$	$f_0+0.5$	f_0+1	…
电压 U_R/mV									
电压 U_L/mV									
电压 U_C/mV									

注:谐振曲线的测量频率选择原则是 f_0 附近密,向远处逐渐稀疏。

五、实验报告要求

1. 画出实验接线图，写明实验步骤，填写数据记录表格。

2. 对两种不同的方法测得的 f_0 值与理论值进行比较，分析误差原因。

3. 计算出通频带与 Q 值，说明不同 R 值对电路通频带与品质因数的影响。

4. 用 Multisim 软件绘制电路原理图并记录实验波形。

5. 用 Origin 绘图软件在同一张图上绘出仿真和实际测试的归一化谐振曲线(测量时注意测试频率点一致)。

6. 用 Origin 绘图软件在同一张图上画出 $R=100\ \Omega$ 和 $R=1\ k\Omega$ 两条谐振曲线(标出 R 的值)并解释两者的不同。

7. 分析选频网络的测试结果，说明谐振电路的用途，解释频谱变化的原因。

8. 通过本次实验，总结、归纳串联谐振电路的特性。

六、实验思考题

1. 测试过程中，为什么必须保持信号源的输出电压恒定？

2. 谐振时，是否有 $U=U_R$ 及 $U_L=U_C$ 成立？试分析其原因。

实验7　三相交流电路的基本测量

理　论

一、实验原理

1. 三相负载的连接。

三相负载的基本连接方式可分为两类：三角形(△)连接和星形(Y)连接(图 2.7.1)。对于星形连接，按其有无中线，又可分为三线制[图 2.7.1(b)]和四线制[图 2.7.1(c)]两种。

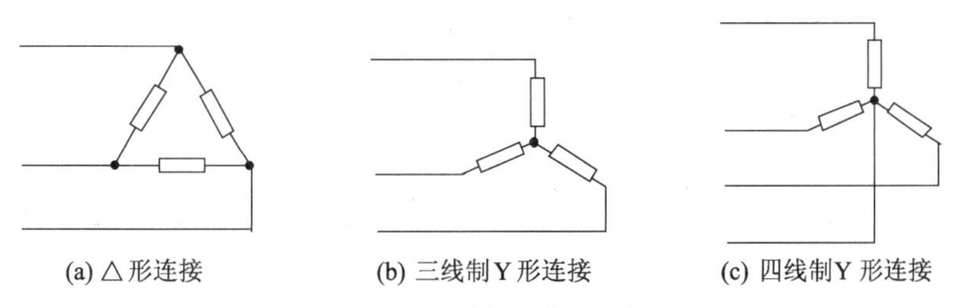

图 2.7.1　三相负载的连接方式

根据三相电路的对称情况，可将三相电路分为对称三相电路和不对称三相电路。在实际三相电路中，一般情况下，三相电源是对称的，但负载不一定是对称的。

2. 三相电路中的电压和电流。

三相电路的电压有相电压 U_P 和线电压 U_L(端线间电压)。

三相电路的电流有相电流 I_P 和线电流 I_L（端线电流）。

在对称三相电路中，对于△形连接，有 $U_L=U_P$，$I_L=\sqrt{3}I_P$；对于 Y 形连接，有 $I_L=I_P$，$U_L=\sqrt{3}U_P$。

3. 接法比较。

△形连接：

在各相负载不对称时也不影响各相相电压，但只要有任一端线断路时，两相相电压将大幅度下跌而不能正常工作。

Y 形连接：

三线制：在相负载不对称时各相电压均发生变化，在严重情况下可使某些相过压而烧坏电器，另一些相却因欠压而不能正常工作。

四线制：在相负载不对称时各相电压仍然相等，各相负载之间不存在相互影响，同时利用端线与端线、端线与中线可获得两种不同的电压。

总的来说，三线制适用于三相对称负载，如三相异步电动机等；四线制通常用于单相负载供电，如生活用电。注意：在实际应用中，中线上是不允许装开关和保险丝的。

二、实验方法

1. 三相电路中的功率测量。

通常有两种方法可测量三相负载的总功率。

(1) 三相四线制电路——三表法。

接线如图 2.7.2 所示，用三只功率表直接测出每相负载吸收的功率 P_A、P_B 及 P_C，然后相加，即 $P=P_A+P_B+P_C$，可得到三相负载的总功率。

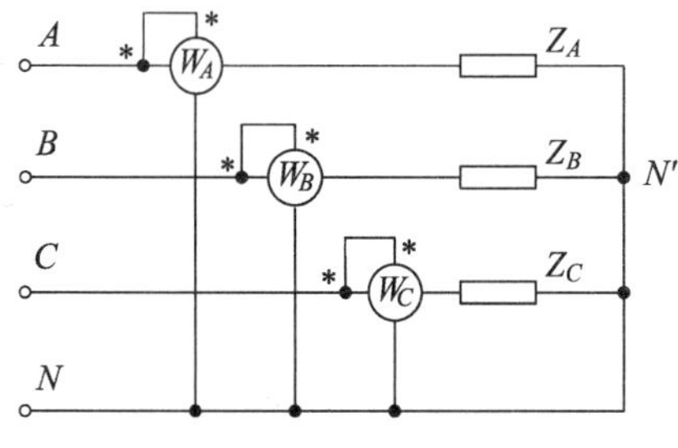

图 2.7.2　三表法测量三相功率

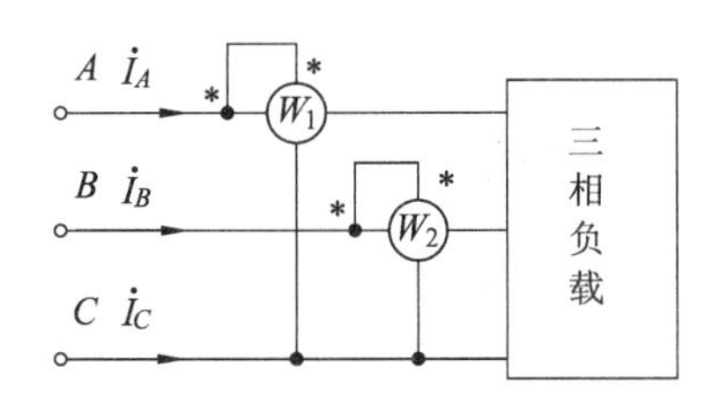

图 2.7.3　二表法测量三相功率

(2) 三相三线制电路——二表法。

在三相三线制电路中，不论其对称或不对称，常采用二表法来测量三相功率。如图 2.7.3 所示，两个功率表读数的代数和即三相负载的总功率，其原理可参见相关教材。

2. 相序的鉴别。

对称三相电源的相序有正序与反序的区别，实际电力系统中一般采用正序。但有时会遇到要判断三相电源的相序的情况，这时可以利用相序指示器测得，图 2.7.4 是其原理图。

在电源端对称，即 $\dot{U}_A=U\angle 0°$，$\dot{U}_B=U\angle -120°$，$\dot{U}_C=U\angle 120°$，且 $R=\frac{1}{\omega C}$（R 可用两个相同的灯泡代替）时有

$$\dot{U}_{N'N}=\frac{j\omega C\dot{U}_A+\frac{1}{R}\dot{U}_B+\frac{1}{R}\dot{U}_C}{j\omega C+\frac{1}{R}+\frac{1}{R}}=0.63U\angle 108.4^\circ$$

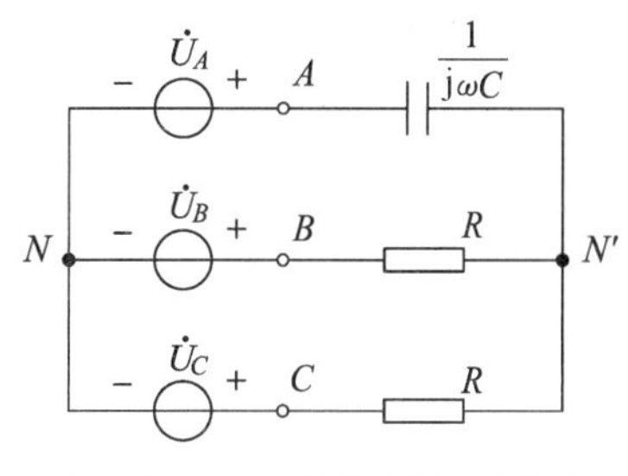

图 2.7.4　相序指示器的原理图

B 相灯泡承受的电压为

$$\dot{U}_{BN'}=\dot{U}_{BN}-\dot{U}_{NN'}=1.5U\angle -101.5^\circ$$

C 相灯泡承受的电压为

$$\dot{U}_{CN'}=\dot{U}_{CN}-\dot{U}_{NN'}=0.4U\angle 133.4^\circ$$

显然，B 相灯泡承受的电压 $U_{BN'}$ 远大于 C 相灯泡承受的电压 $U_{CN'}$，因此 B 相灯泡将比 C 相灯泡亮。据此，可以指定连接电容的那一相为 A 相，则灯泡较亮的一相为 B 相，灯泡较暗的一相为 C 相。

三、实验注意事项

1. 本实验所用电压较高，且改接线路次数较多，必须注意安全，切记不可带电接线。
2. 实验中严禁带电检查线路，如需接线、拆线或检查线路，必须先切断电源。
3. 负载由 Y 形连接改为△形连接时，一定要先将中线拆除，否则会造成三相短路。
4. 用电流表测电流时，一定要用电流插头，切不可用电压测棒。
5. 二表法适用于对称或不对称的三相三线制电路，而对于三相四线制电路一般不适用。
6. 二表法的接线原则：两只瓦特表的电流线圈分别串接在任意两条端线中，电流线圈的对应端必须接在电源侧。两只瓦特表的电压线圈的对应端必须各自接到电流线圈的任一端，而两只瓦特表的电压线圈的非对应端必须同时接到没有接入功率表电流线圈的第三条线上。

实　验

一、实验目的

1. 熟悉三相电路的连接方式。
2. 验证对称三相电路的线电压和相电压、线电流和相电流之间的关系。
3. 掌握三相电路功率的测量方法。
4. 学习三相电源的相序鉴别方法。
5. 了解三相四线制系统的中线的作用。
6. 掌握 Multisim 软件中三相电源、熔丝、灯泡及三相负载的连接方法。
7. 掌握 Multisim 软件中三相电源的观测方法及功率表等仪表的使用方法。
8. 掌握 Origin 绘图软件的使用方法。

二、实验仪器与器件

1. 计算机一台。
2. 通用电路板一块。

3. 低功率因数功率表一台。

4. 万用表一只。

5. 灯泡(15 W)若干。

6. 电容(0.11 μF)若干。

三、预习要求

1. 思考对于Y形连接的三相负载,中线的存在有何作用。

2. 弄清三相电路的线电压和相电压、线电流和相电流之间的关系。

3. 思考负载从Y形连接改为△形连接时,它们的总功率是否有变化。

4. 了解 Multisim 软件中三相电源的连接方法。

5. 撰写预习报告。

四、实验内容

1. Multisim 仿真。

(1) 创建电路:电路采用常见的Y-Y照明系统电路,从元器件库中选择三相对称电源、熔丝、开关、灯泡、交流电压表、交流电流表,创建如图 2.7.5 所示的电路。

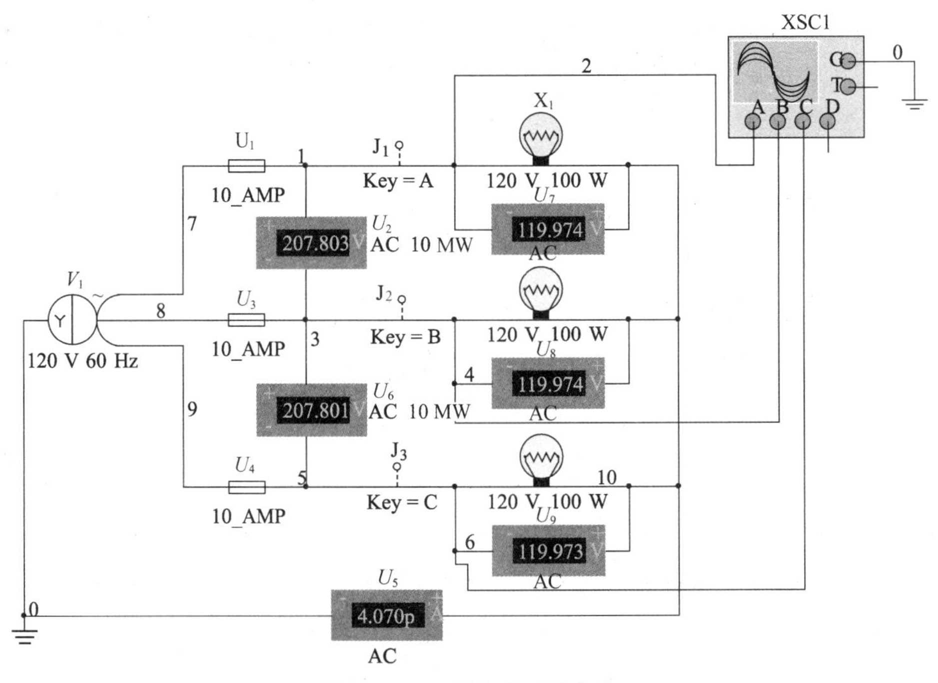

图 2.7.5 三相负载对称电路

(2) 用示波器观测 Y-Y 接三相负载的电压对称性,记录波形。

(3) 将某相灯泡用 250 W 替换,使电路变为不对称三相电路,观测三相负载的电压及中线电流。

(4) 测量三相电路中的功率,三线制用二表法,创建如图 2.7.6 所示的电路。按表 2.7.1记录所测数据。

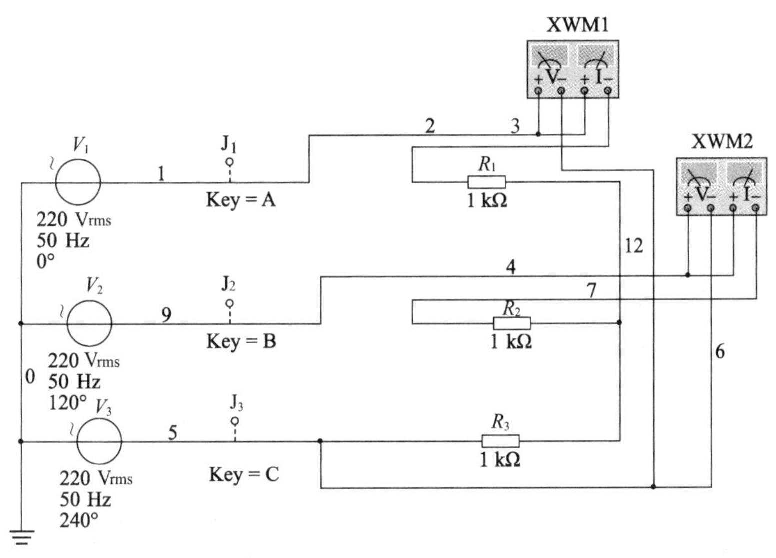

图 2.7.6　三相电路的功率测量

2. 三相电源的检验。

(1) 区分端线和中线。

(2) 测定三相电源的相序。

(3) 检查电源的电压及对称性。

3. 测量三相电路中的电压、电流，检验线电流与相电流、线电压与相电压之间的关系。Y 形连接按图 2.7.7 焊接实验电路，△形连接按图 2.7.8 焊接实验电路。

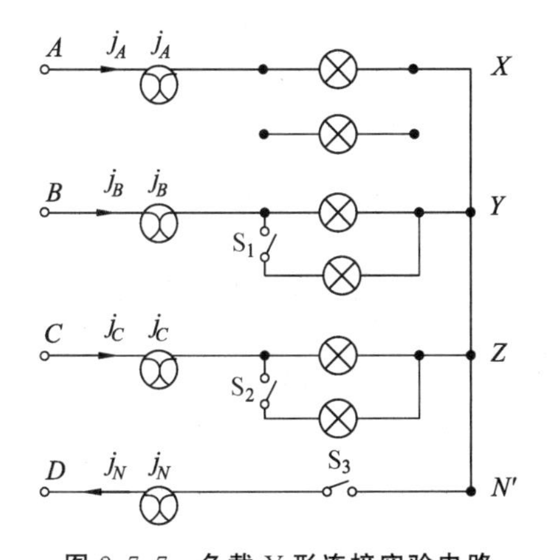

图 2.7.7　负载 Y 形连接实验电路

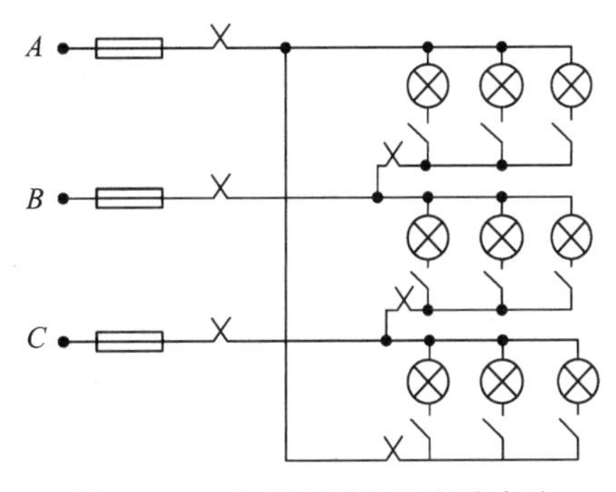

图 2.7.8　负载△形连接实验电路

(1) 对称 Y 形负载，有中线。

(2) 对称 Y 形负载，无中线。

(3) 不对称 Y 形负载，有中线。

(4) 不对称 Y 形负载，无中线。

(5) 对称△形负载。

(6) 不对称△形负载。

按表 2.7.1 记录所测数据。

4. 用二表法测量三相电路中的功率,并与计算值相比较。按表 2.7.2 记录所测数据。

5. 观察在各种连接情况下,断开一相时,另外两相的变化情况。

表 2.7.1 三相电路中的电压、电流测量

负载情况	中线情况	线电流			相电流			线电压			相电压			中线电流
		I_A	I_B	I_C	I_{AB}	I_{BC}	I_{CA}	U_A	U_B	U_C	U_{AB}	U_{BC}	U_{CA}	
对称 Y 形负载	有中线													
	无中线													
不对称 Y 形负载	有中线													
	无中线													
对称△形负载														
不对称△形负载														

表 2.7.2 三相电路中功率的测量

负载情况	对称情况	测量值			计算值			
		P_1	P_2	总功率	P_A	P_B	P_C	总功率
Y 形	对称							
	不对称							
△形	对称							
	不对称							

五、实验报告要求

1. 写明实验步骤,填写数据记录表格。
2. 根据测量结果,比较电压、电流的相值与线值的关系。
3. 计算各种情况下的三相总功率 P,总结 Y 形连接与△形连接时功率间的关系。
4. 用 Multisim 软件绘制电路并记录相关数据和波形。
5. 记录在各种连接情况下,断开一相时,另外两相的变化情况。
6. 通过本次实验,总结、归纳三相交流电路的特性。

六、实验思考题

1. 中线存在与否对负载的工作有何影响?
2. 三相四线制电路中(对称三相电源)负载对称与否对中线电流有何影响?
3. 在对称三相电路中,两只瓦特表的读数与负载的功率因数之间有何关系?

实验8　线性无源二端口网络的参数测量

理　论

一、实验原理

1. 线性无源二端口网络。

如图2.8.1所示，线性无源网络有两对引出端，且这两对端子分别满足端口条件，即对于所有时刻，从端子1流入网络的电流等于从端子1′流出的电流，从端子2流入网络的电流等于从端子2′流出的电流，则此网络称为无源二端口网络。

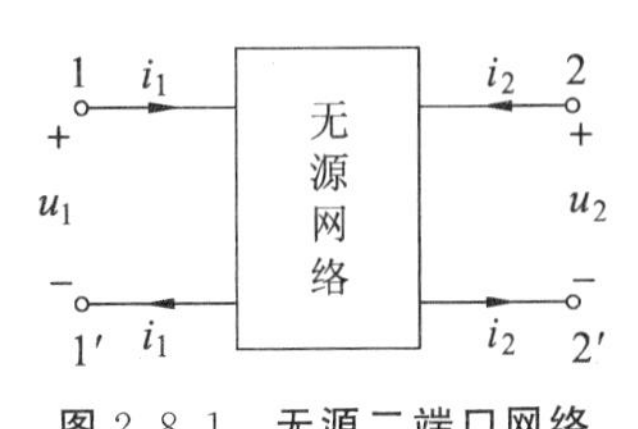

图2.8.1　无源二端口网络

2. 二端口网络方程。

对于不含独立电源的线性无源二端口网络，其端口电压（$\dot{U}_1$、$\dot{U}_2$）和端口电流（$\dot{I}_1$、$\dot{I}_2$）之间的关系，根据所取变量的不同有六种表达形式，其中常用的有四种。

(1) 线性二端口网络的Y参数方程（以电压为自变量的表达式）：

$$\begin{cases}\dot{I}_1=Y_{11}\dot{U}_1+Y_{12}\dot{U}_2\\ \dot{I}_2=Y_{21}\dot{U}_1+Y_{22}\dot{U}_2\end{cases}$$ 对应二端口网络的$\boldsymbol{Y}$矩阵　$\boldsymbol{Y}=\begin{bmatrix}Y_{11} & Y_{12}\\ Y_{21} & Y_{22}\end{bmatrix}$

其中，

$Y_{11}=\left.\dfrac{\dot{I}_1}{\dot{U}_1}\right|_{\dot{U}_2=0}$　表示2-2′端短路时，1-1′端的输入导纳；

$Y_{21}=\left.\dfrac{\dot{I}_2}{\dot{U}_1}\right|_{\dot{U}_2=0}$　表示2-2′端短路时，2-2′端与1-1′端间的转移导纳；

$Y_{12}=\left.\dfrac{\dot{I}_1}{\dot{U}_2}\right|_{\dot{U}_1=0}$　表示1-1′端短路时，2-2′端的输入导纳；

$Y_{22}=\left.\dfrac{\dot{I}_2}{\dot{U}_2}\right|_{\dot{U}_1=0}$　表示1-1′端短路时，1-1′端与2-2′端间的转移导纳。

(2) 线性二端口网络的Z参数方程（以电流为自变量的表达式）：

$$\begin{cases}\dot{U}_1=Z_{11}\dot{I}_1+Z_{12}\dot{I}_2\\ \dot{U}_2=Z_{21}\dot{I}_1+Z_{22}\dot{I}_2\end{cases}$$ 对应二端口网络的$\boldsymbol{Z}$矩阵　$\boldsymbol{Z}=\begin{bmatrix}Z_{11} & Z_{12}\\ Z_{21} & Z_{22}\end{bmatrix}$

(3) 线性二端口网络的混合参数方程：

$$\begin{cases}\dot{U}_1=H_{11}\dot{I}_1+H_{12}\dot{U}_2\\ \dot{I}_2=H_{21}\dot{I}_1+H_{22}\dot{U}_2\end{cases}$$ 对应二端口网络的$\boldsymbol{H}$矩阵　$\boldsymbol{H}=\begin{bmatrix}H_{11} & H_{12}\\ H_{21} & H_{22}\end{bmatrix}$

(4) 线性二端口网络的传输参数方程：

$$\begin{cases}\dot{U}_1=T_{11}\dot{U}_2-T_{12}\dot{I}_2\\ \dot{I}_1=T_{21}\dot{U}_2-T_{22}\dot{I}_2\end{cases}\quad 对应二端口网络的 \boldsymbol{T} 矩阵\quad \boldsymbol{T}=\begin{bmatrix}T_{11} & T_{12}\\ T_{21} & T_{22}\end{bmatrix}$$

Y 参数、Z 参数、H 参数、T 参数之间的关系可以从参数方程中推导出来，换算关系可参考相关教材。

二、实验方法

1. 二端口网络参数的测定。

所有二端口网络的参数都可以通过实验测定，但一般对不同的参数使用不同的方法，且不同测试方法的难易程度也不同。其中，通过测量入端阻抗的方法来确定 T 参数比较方便。

(1) 入端阻抗与 T 参数的关系。

当 2-2′开路时(图 2.8.2)，$\dot{I}_2=0$，由 T 参数方程可得 $Z_{10}=\dfrac{\dot{U}_{10}}{\dot{I}_{10}}=\dfrac{T_{11}}{T_{21}}$。

当 2-2′短路时(图 2.8.3)，$\dot{U}_2=0$，由 T 参数方程可得 $Z_{1S}=\dfrac{\dot{U}_{1S}}{\dot{I}_{1S}}=\dfrac{T_{12}}{T_{22}}$。

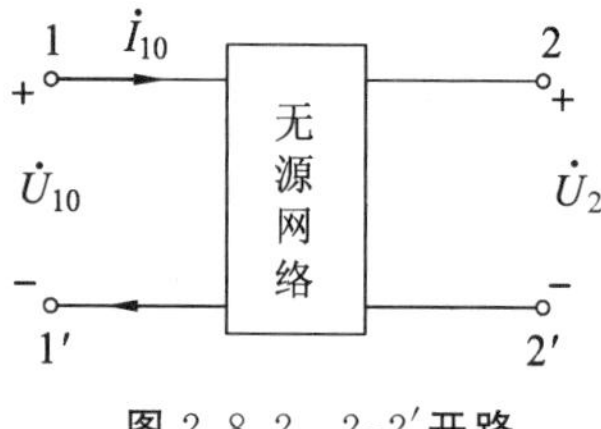

图 2.8.2　2-2′开路

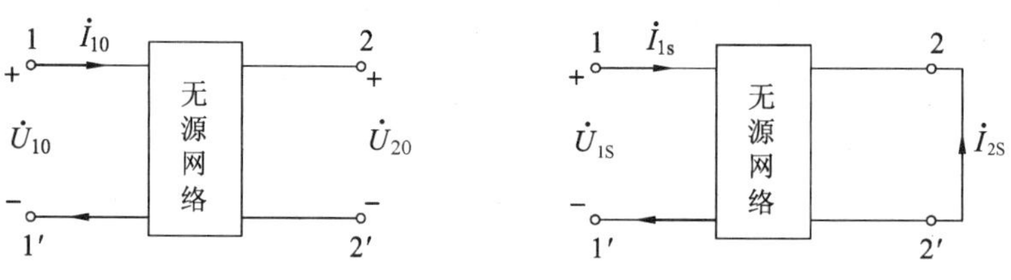

图 2.8.3　2-2′短路

当 1-1′开路时(图 2.8.4)，$\dot{I}_1=0$，由 T 参数方程可得 $Z_{20}=\dfrac{\dot{U}_{20}}{\dot{I}_{20}}=\dfrac{T_{22}}{T_{21}}$。

当 1-1′短路时(图 2.8.5)，$\dot{U}_1=0$，由 T 参数方程可得 $Z_{2S}=\dfrac{\dot{U}_{2S}}{\dot{I}_{2S}}=\dfrac{T_{12}}{T_{11}}$。

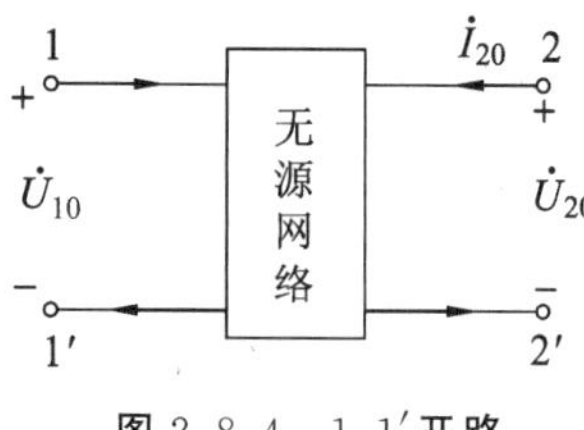

图 2.8.4　1-1′开路

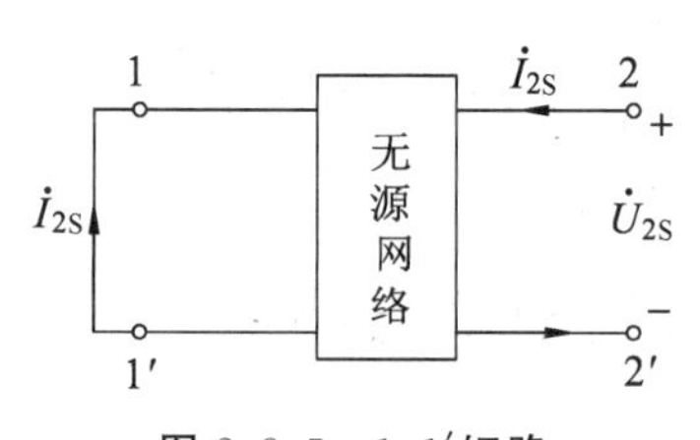

图 2.8.5　1-1′短路

于是有

$$T_{22}=\sqrt{\frac{Z_{20}}{Z_{10}-Z_{1S}}},\ T_{11}=\frac{Z_{10}}{Z_{20}}T_{22},\ T_{12}=Z_{1S}T_{22},\ T_{21}=\frac{1}{Z_{20}}T_{22} \qquad (2.8.1)$$

这样，通过测量二端口网络的入端阻抗，便可得到二端口网络的 T 参数矩阵，继而通过换算关系得到其他各种参数矩阵。实验电路采用如图 2.8.6 所示的 T 型网络。

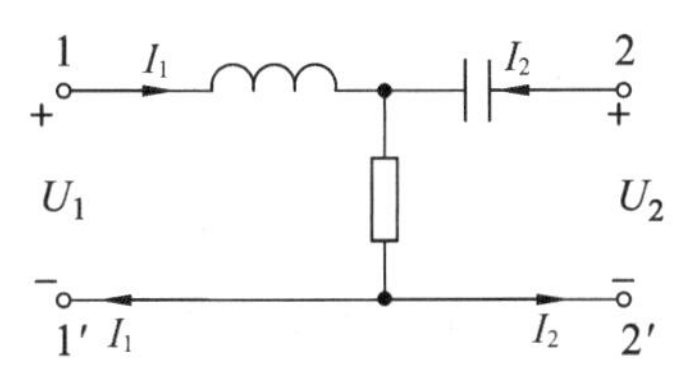

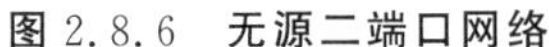
图 2.8.6　无源二端口网络

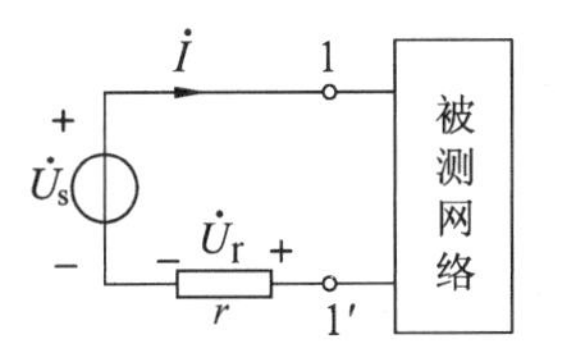

图 2.8.7　入端阻抗测量电路

2. 入端阻抗的实验测量。

利用双踪示波器，由入端 $\dot{U}$、$\dot{I}$，计算入端阻抗

$$Z=\frac{\dot{U}}{\dot{I}}=|Z|\angle\varphi_z \quad 即\ |Z|=\frac{U}{I},\ \varphi_z=\varphi_u-\varphi_i$$

在具体实验中，电流是通过电阻上的电压来测定的，为测量电流需在电路的测量端口接入一数值适当的采样电阻 r，如图 2.8.7 所示，$I=\frac{U_r}{r}$。

对于相位差的测量可利用双踪示波器的双线法或椭圆法。

三、实验注意事项

1. 本实验定量要求较高，不但要求测量仪表有较高的精度，还要求电路参数稳定。实验中必须选择适当的电压、电流，不能使元件过热。

2. 电流须通过电阻上的电压来测量，连接电路时应注意采样电阻的位置，使其一端与电源的地线相接，采样电阻的大小一定要选取适当。

3. 用双踪示波器测量相位差时，要注意调整基线的位置，以减小测量误差。

实　验

一、实验目的

1. 加深理解二端口网络的基本理论。
2. 掌握一端口网络入端阻抗的测定方法。
3. 学习使用双踪示波器测量两个正弦信号的相位差。
4. 掌握二端口网络参数的测定方法和各参数矩阵间的换算关系。
5. 学会 Multisim 软件中 Network Analyzer 的使用方法。

二、实验仪器与器件

1. 计算机一台。
2. 通用电路板一块。
3. 函数信号发生器一台。
4. 示波器一台。
5. 万用表一只。
6. 电阻、电容、电感若干。

三、预习要求

1. 推导二端口网络各参数之间的换算关系式。

2. 根据所给定的元件参数值，计算二端口网络的理论参数。

3. 思考是否有其他方案可用来测定二端口网络的参数。

4. 弄清一端口网络入端阻抗的测量原理，思考测定阻抗时对采样电阻的大小是否有要求。

5. 弄清使用双踪示波器测量两个正弦信号的相位差的原理。

6. 根据实验要求，画出实验接线图。

7. 根据实验步骤，设计实验数据记录表格。

四、实验内容

1. Multisim 仿真。

（1）创建电路：从元器件库中选择可变电阻、电容、电感，创建如图 2.8.8 所示的电路。

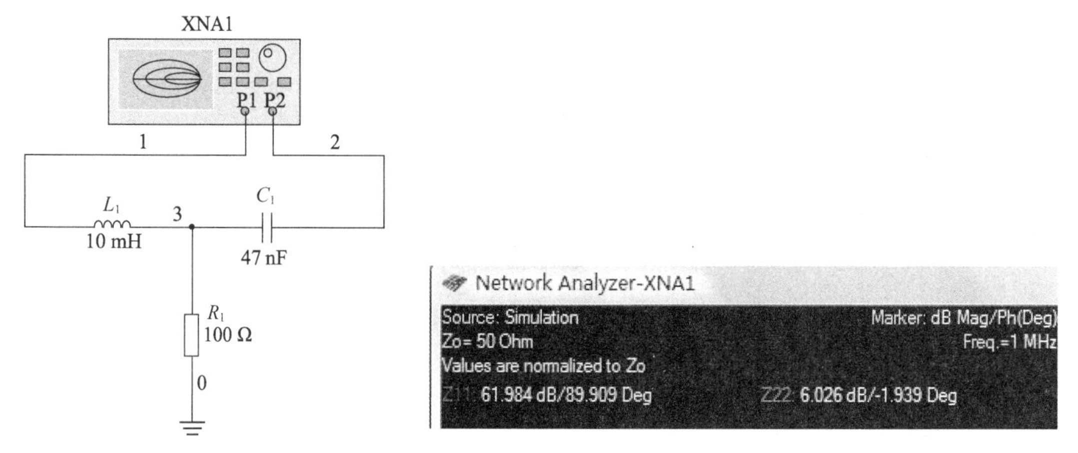

图 2.8.8 用 Network Analyzer 测量二端口网络参数

（2）用 Multisim 软件 Network Analyzer 测量二端口网络在 1 kHz 时的 Z 参数。

（3）通过 Network Analyzer 的参数选择，测量二端口网络的其他参数。

（4）测定两个二端口网络级联后的端口参数。

2. 测量元件参数，按图 2.8.6 连接电路，组成二端口网络（$R=100\ \Omega$、$L=10\ \text{mH}$、$C=47\ \text{nF}$）。

3. 测量实际元件参数。

4. 按图 2.8.6 焊接电路，利用图 2.8.7 所示的测量电路，测定二端口网络的各项开路和短路阻抗。按表 2.8.1 记录所测数据。

5. 二端口网络带负载的测量：观察在 2-2′端接入电阻后，端口参数的变化。按表 2.8.2 记录所测数据。

6. 设计两个 T 型二端口网络 N′和 N″，并测试其端口参数。

7. 将所设计的二端口网络 N′和 N″级联，测量有关电路参数，计算其等效的传输参数，

并结合计算,验证测量结果的正确性。

8. 将输出端接容性负载 Z_M,测定输入端的等效阻抗,并与理论值进行比较。

表 2.8.1 二端口网络参数的测量

测量值	$\dot{U}_{10}$	$\dot{I}_{10}$	$\dot{U}_{1S}$	$\dot{I}_{1S}$	$\dot{U}_{20}$	$\dot{I}_{20}$	$\dot{U}_{2S}$	$\dot{I}_{2S}$
计算值	Z_{10}	Z_{1S}	Z_{20}	Z_{2S}	T_{11}	T_{12}	T_{22}	T_{21}

表 2.8.2 二端口网络带负载的测量

负载情况	$\dot{U}_{10}$	$\dot{I}_{10}$	$\dot{U}_{1S}$	$\dot{I}_{1S}$	$\dot{U}_{20}$	$\dot{I}_{20}$	$\dot{U}_{2S}$	$\dot{I}_{2S}$
无负载								
有负载								

五、实验报告要求

1. 用 Multisim 软件绘制电路原理图并记录相关数据。
2. 根据测量数据,计算二端口网络的各开路和短路阻抗。
3. 计算二端口网络的 T 参数。
4. 由 T 参数求出二端口网络的其他参数,并与理论值进行比较。
5. 绘制设计的级联网络并记录其测试结果。
6. 通过本次实验,总结、归纳二端口网络的特性。

六、实验思考题

1. 测定阻抗时,能否不接采样电阻?
2. 是否有其他方法测定入端阻抗?
3. 由实验参数求出的二端口网络 Z 参数与理论值是否一致?若不一致,则分析误差原因。
4. 接入负载对二端口网络的参数是否有影响?
5. 无源二端口网络的参数与外加电压和电流是否有关,为什么?
6. 从哪些方面来验证实验结果的正确性?

第三章 信号系统实验

实验1 周期信号的时域及其频域分析

理论

一、实验原理

周期信号的傅立叶级数分析法，可以把周期信号表示为三角傅立叶级数或指数傅立叶级数，其中周期信号 $f(t)$ 应满足 $\int_0^T |f(t)|\mathrm{d}t < \infty$。

1. 将周期信号表示为三角傅立叶级数。

$$f(t) = \frac{a_0}{2} + \sum_{n=1}^{\infty}[a_n\cos(n\omega_0 t) + b_n\sin(n\omega_0 t)] \tag{3.1.1}$$

式中，$\frac{a_0}{2}$为直流分量，a_n 和 b_n 为 n 次谐波分量系数，T 为周期，$\omega_0 = \frac{2\pi}{T}$为角频率。

当 $n=1$ 时，$a_1\cos(\omega_0 t)$和 $b_1\sin(\omega_0 t)$合成角频率为 $\omega_0 = \frac{2\pi}{T}$的正弦分量，称为基波分量，$\omega_0$ 称为基波频率；当 $n>1$(n 为整数)时，$a_n\cos(n\omega_0 t)$和 $b_n\sin(n\omega_0 t)$合成角频率为 $n\omega_0$ 的正弦分量，称为 n 次谐波分量，$n\omega_0$ 称为谐波频率。

2. 将周期信号表示为指数傅立叶级数。

将一个周期信号 $f(t)$分解为谐波分量，即

$$f(t) = \sum_{n=-\infty}^{+\infty} C_n \mathrm{e}^{\mathrm{j}n\omega_0 t} \tag{3.1.2}$$

其中，$C_n = \frac{1}{T}\int_{t_1}^{T+t_1} f(t)\mathrm{e}^{-\mathrm{j}n\omega_0 t}\mathrm{d}t$ 。

C_n 是第 n 次谐波分量的复数振幅。三角傅立叶级数和指数傅立叶级数虽然形式不同，但实际上它们是属于同一性质的级数，即都是将一个周期信号表示为直流分量和谐波分量之和。

二、实验方法

一个非正弦周期信号可以分解为直流分量和许多谐波分量，各谐波分量的幅度和相位取决于信号的波形。这里选用周期矩形波信号和周期三角波信号，用 Multisim 软件对周期信号的时域及其频域进行仿真分析。信号的测试实验中采用示波器或选频电平表测量周期信号的幅度频谱，可以看到周期信号的频谱具有离散性、谐波性、收敛性。

1. 周期矩形波信号的频谱。

图 3.1.1 为周期矩形波信号的时域表示，其中周期为 T，脉冲宽度为 τ，脉冲幅度为 A。

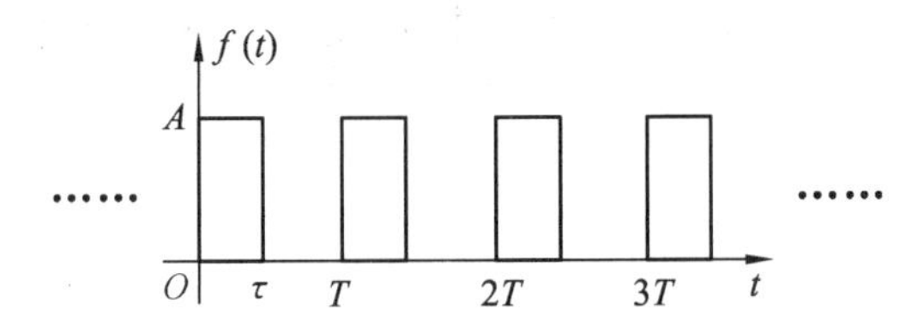

图 3.1.1　周期矩形波信号的时域表示

周期矩形波信号的幅度频谱如下：

$$|C_n| = \left|\frac{1}{T}\int_{t_1}^{T+t_1} f(t)\mathrm{e}^{-\mathrm{j}n\omega_0 t}\mathrm{d}t\right| = \left|\frac{1}{T}\int_{\tau/2}^{-\tau/2} A\mathrm{e}^{-\mathrm{j}n\omega_0 t}\mathrm{d}t\right| = \frac{A\tau}{T}\left|\frac{\sin\left(\dfrac{n\omega_0\tau}{2}\right)}{\dfrac{n\omega_0\tau}{2}}\right| \tag{3.1.3}$$

图 3.1.2 为周期矩形波信号的幅度频谱表示，其中直流分量频谱幅度为$\dfrac{A\tau}{T}$，谱线间隔为 $\omega_0=\dfrac{2\pi}{T}$。

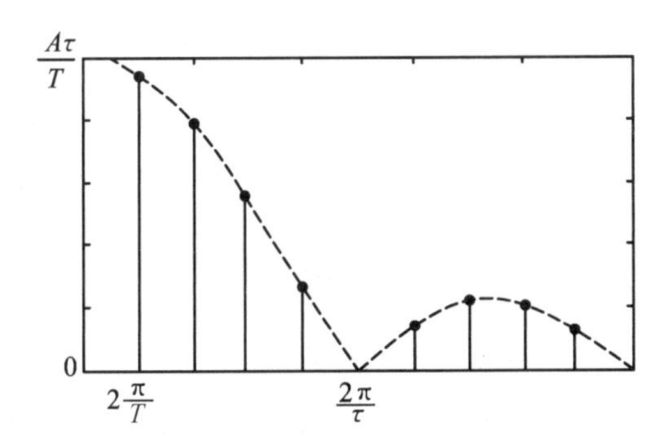

图 3.1.2　周期矩形波信号的幅度频谱表示

2. 周期三角波信号的频谱。

图 3.1.3 为周期三角波信号的时域表示，其中周期为 T，脉冲幅度为 A。

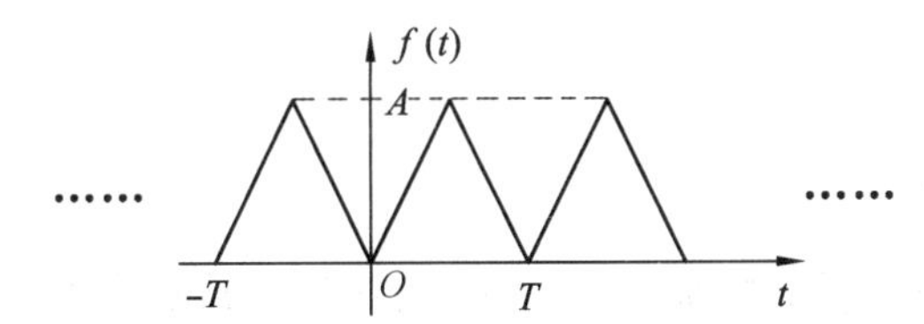

图 3.1.3　周期三角波信号的时域表示

周期三角波信号的三角傅立叶级数展开如下：

$$f(t)=A\left\{\frac{1}{2}-\frac{4}{\pi^2}\left[\cos(\omega_0 t)+\frac{1}{3^2}\cos(3\omega_0 t)+\frac{1}{5^2}\cos(5\omega_0 t)+\cdots+\frac{1}{n^2}\cos(n\omega_0 t)+\cdots\right]\right\} \tag{3.1.4}$$

其中 $n=1,3,5,\cdots$。

图 3.1.4 为周期三角波信号的频谱表示。

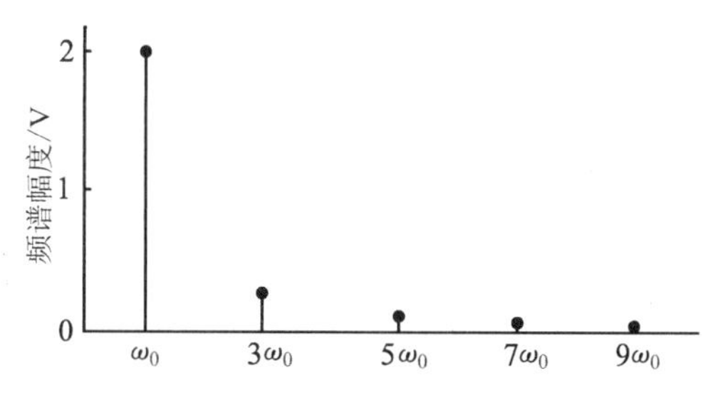

图 3.1.4 周期三角波信号的频谱幅度表示

三、实验注意事项

1. 选取信号的参数应由示波器准确测量。

2. 为提高测量的准确性，测量数据之前，选频电平表应预热大约半小时。并根据输入信号的频率，正确选取选频电平表的测量方式。

3. 测量谐波点频率，应是信号频率$\frac{1}{T}$的 n 倍，$n=1,2,3,\cdots,10$ 等。

实　验

一、实验目的

1. 掌握 Multisim 软件的应用及用虚拟仪器对周期信号的频谱进行测量的方法。

2. 掌握选频电平表的使用方法，及对信号发生器输出信号（方波、矩形波、三角波等）频谱的测量方法。

二、实验仪器与器件

1. 计算机一台。
2. 函数信号发生器一台。
3. 选频电平表一只。
4. 双踪示波器一台。

三、预习要求

1. 熟悉 Multisim 软件，掌握虚拟仪器的使用方法，及对仿真数据的测量、分析方法。
2. 认真阅读实验中使用的仪器设备说明及注意事项。
3. 对比周期矩形波信号和三角波信号频谱的各自特点。
4. 思考信号的谐波频率是由什么决定的。
5. 撰写预习报告。

四、实验内容

1. 用 Multisim 软件实现周期信号的时域、频域测量及分析。

(1) 绘制测量电路。

(2) 周期信号时域、频域(幅度频谱)的仿真测量。

虚拟信号发生器分别设置如下参数:

周期方波信号:周期 $T=100\ \mu s$,脉冲宽度 $\tau=50\ \mu s$,脉冲幅度 $V_p=5\ V$;

周期矩形波信号:周期 $T=100\ \mu s$,脉冲宽度 $\tau=20\ \mu s$,脉冲幅度 $V_p=5\ V$;

周期三角波信号:周期 $T=200\ \mu s$,脉冲幅度 $V_p=5\ V$。

采用虚拟示波器及虚拟频谱仪分别测量上述信号的时域、频域波形并保存测试波形及数据。

2. 周期信号时域、频域(幅度频谱)的测量。

信号发生器、示波器、选频电平表的连接如图 3.1.5 所示。信号发生器的输出信号分别为周期方波信号、周期矩形波信号、周期三角波信号,参数设置同仿真测量。采用示波器及选频电平表对信号发生器的输出信号分别测量,并将测量数据记录于表 3.1.1 中[依照 $V=10^{dB/20}$,将所测量的幅度值由分贝(dB)换算为伏特(V)]。

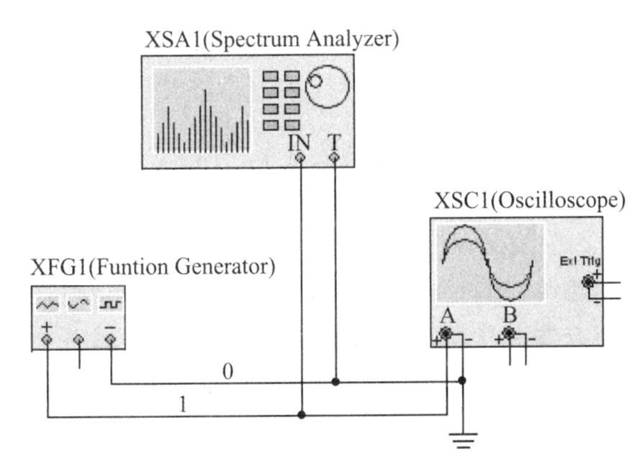

图 3.1.5　测量电路

表 3.1.1　实验数据表

谐波幅度			nf/kHz									
			f	$2f$	$3f$	$4f$	$5f$	$6f$	$7f$	$8f$	$9f$	$10f$
波形	方波	f/kHz										
		A_k/V										
	矩形波	f/kHz										
		A_k/V										
	三角波	f/kHz										
		A_k/V										

五、实验报告要求

1. 写明实验原理及实验步骤。
2. 根据实验内容,分别绘出测量电路的仿真波形并标出测试数据。
3. 对比周期方波和周期矩形波信号的幅度频谱图,说明两者的异同。

4. 通过本实验，掌握周期信号的傅立叶级数展开的方法，理解信号频谱的概念及意义。

六、实验思考题

1. 在周期矩形波信号的实验中，通过改变信号的频率、占空比、幅度值，会对信号的频谱产生什么影响？

2. 计算周期矩形波信号频谱中的过零点；若周期矩形波信号的周期 $T=200\ \mu s$，脉冲宽度$\tau=40\ \mu s$，说明第一个过零点是第几次谐波。

实验 2　无源滤波器与有源滤波器

理　论

一、实验原理

滤波器是具有频率选择作用的电路或运算处理系统，具有滤除噪声和分离各种不同信号的功能。按电路组成可分为 LC 无源滤波器、RC 无源滤波器、RC 有源滤波器等。无源滤波器，是由无源元件（电感、电容、电阻）组合设计构成的滤波电路。无源滤波器具有结构简单、成本低廉、运行可靠性较高、运行费用较低等优点，至今仍广泛应用于被动谐波处理。有源滤波器是由无源元件及有源元件（晶体管、场效应管、集成运算放大器）组成的。有源滤波器一般由 RC 网络和集成运算放大器组成，因而必须在适合的直流电源作用下才能正常工作，不用电感，故体积小、重量轻，不需加屏蔽。无源滤波器和有源滤波器相比，后者输入阻抗大，能在负载和信号之间起隔离作用，而且滤波特性比前者好。

1. 无源滤波器。

(1) 一阶无源 RC 低通滤波器（图 3.2.1）。

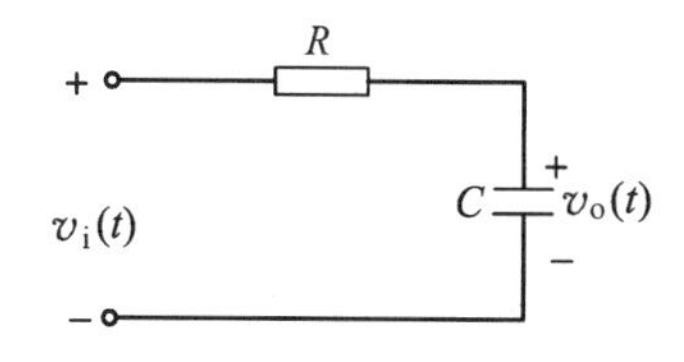

图 3.2.1　一阶无源 RC 低通滤波器

系统函数为

$$H(\mathrm{j}\omega)=|H(\mathrm{j}\omega)|\mathrm{e}^{\mathrm{j}\Phi(\omega)}=\frac{V_o(\mathrm{j}\omega)}{V_I(\mathrm{j}\omega)}=\frac{1}{1+\mathrm{j}\omega RC} \tag{3.2.1}$$

则

$$\begin{cases}|H(\mathrm{j}\omega)|=\dfrac{1}{\sqrt{1+(RC\omega)^2}}\\ \Phi(\omega)=-\arctan(RC\omega)\end{cases} \tag{3.2.2}$$

其中，转折频率 $\omega_c=\dfrac{1}{RC}=\dfrac{1}{\tau}$。

(2) 二阶无源 RC 低通滤波器(图 3.2.2)。

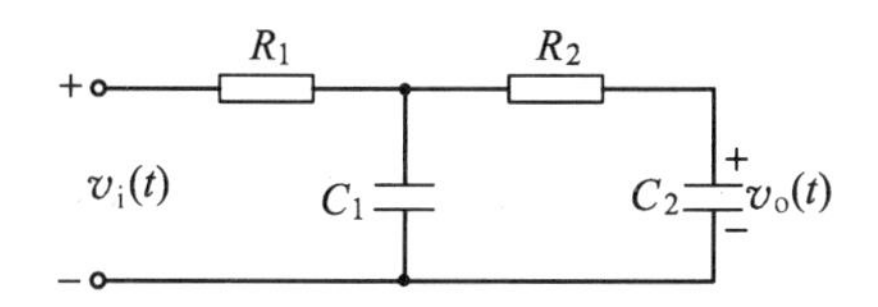

图 3.2.2　二阶无源 RC 低通滤波器

若 $R_1=R_2$，$C_1=C_2$，则系统函数为

$$H(j\omega)=|H(j\omega)|e^{j\Phi(\omega)}=\frac{V_o(j\omega)}{V_I(j\omega)}=\frac{1}{1-(\omega RC)^2+j3\omega RC} \tag{3.2.3}$$

系统函数的频率特性为

$$\begin{cases}|H(j\omega)|=\dfrac{1}{\sqrt{(1-\omega^2R^2C^2)^2+(3\omega RC)^2}}\\ \Phi(\omega)=-\arctan\left(\dfrac{3\omega RC}{1-\omega^2R^2C^2}\right)\end{cases} \tag{3.2.4}$$

其中，转折频率 $\omega_c=\dfrac{1}{2.672\ 4RC}=\dfrac{0.374\ 2}{\tau}$。

设 $R=1.2\ \text{k}\Omega$，$C=0.01\ \mu\text{F}$，给出一阶与二阶 RC 低通滤波器的频谱图，如图 3.2.3 所示。

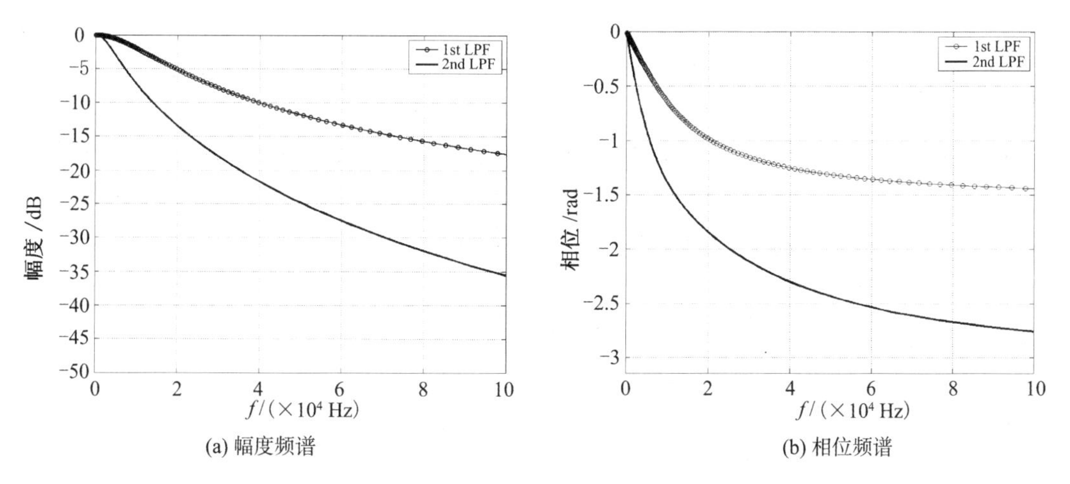

图 3.2.3　一阶与二阶 RC 低通滤波器的频谱图

2. 有源滤波器。

(1) 一阶有源 RC 低通滤波器(图 3.2.4)。

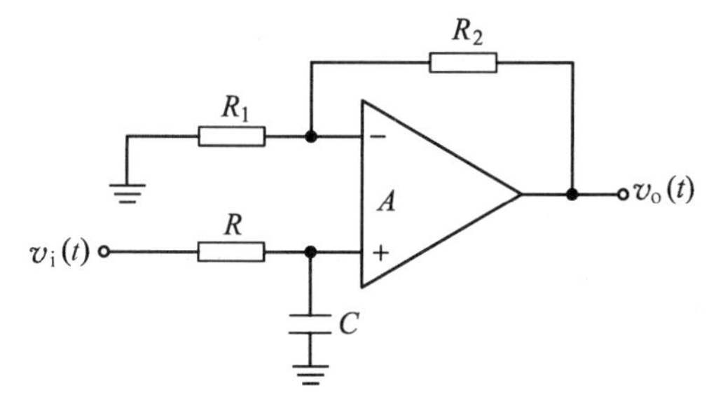

图 3.2.4　一阶有源 RC 低通滤波器

为改善无源滤波器的负载对滤波特性的影响，在无源滤波器与负载之间加一个高输入电阻、低输出电阻的隔离电路，最简单的方法是加一个电压跟随器，这样即构成有源滤波器。

$$V_o(j\omega)=\left(1+\frac{R_2}{R_1}\right)V_-(j\omega) \tag{3.2.5}$$

$$V_-(j\omega)=\frac{\frac{1}{j\omega C}}{R+\frac{1}{j\omega C}}V_I(j\omega) \tag{3.2.6}$$

则

$$H(j\omega)=\frac{V_o(j\omega)}{V_I(j\omega)}=\left(1+\frac{R_2}{R_1}\right)\cdot\left(\frac{1}{1+j\omega RC}\right) \tag{3.2.7}$$

为使过渡带变窄，需采用多阶滤波器，即增加 RC 节。

(2) 二阶有源 RC 低通滤波器(图 3.2.5)。

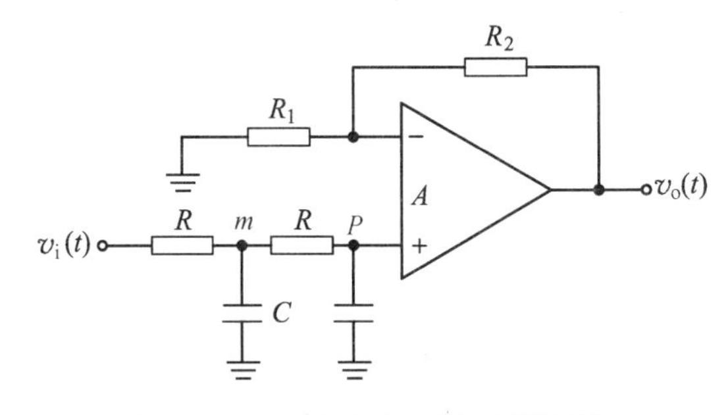

图 3.2.5　二阶有源 RC 低通滤波器

$$V_o(j\omega)=\left(1+\frac{R_2}{R_1}\right)V_p(j\omega) \tag{3.2.8}$$

$$H(j\omega)=\frac{V_o(j\omega)}{V_I(j\omega)}=\left(1+\frac{R_2}{R_1}\right)\cdot\frac{V_p(j\omega)}{V_I(j\omega)}=\left(1+\frac{R_2}{R_1}\right)\cdot\frac{V_p(j\omega)}{V_m(j\omega)}\cdot\frac{V_m(j\omega)}{V_I(j\omega)} \tag{3.2.9}$$

其中

$$\frac{V_p(j\omega)}{V_m(j\omega)}=\frac{1}{1+j\omega RC},\frac{V_m(j\omega)}{V_I(j\omega)}=\frac{\frac{1}{j\omega C}/\!/\left(R+\frac{1}{j\omega C}\right)}{R+\left[\frac{1}{j\omega C}/\!/\left(R+\frac{1}{j\omega C}\right)\right]}$$

则

$$H(j\omega)=\frac{V_o(j\omega)}{V_I(j\omega)}=\left(1+\frac{R_2}{R_1}\right)\cdot\frac{1}{(j\omega RC)^2+3j\omega RC+1} \tag{3.2.10}$$

二、实验方法

1. 系统传输函数幅频特性的测试。

系统传输函数的幅频特性，描述的是不同频率的信号通过系统的幅度变化。

可以使用不同频率的信号通过系统来测试各信号的前后变化。也可以使用一频率成分丰富的信号，理论上就是冲激脉冲。但在实际实验过程中一般使用一个窄的周期脉冲信号。首先测试该脉冲的频谱，再测试该脉冲通过系统后输出的频谱。输入、输出的变化就是系统的幅频特性。

为能反映出特性的整体形状，测量点的分布应合理。首先找出谐振点，在其两边都要取数据点，越靠近谐振点，测量点应取得越密些。这些位置是特性变化大的地方，必须用较多的数据描述。

2. 系统传输函数幅频特性的绘制。

由于幅频特性的频率范围跨度很大，因此使用常规的坐标系统无法描述整体特性，所以采用对数坐标。使用对数坐标描述数值范围跨度大的特性时，能够在有限的空间内反映出全貌。

三、注意事项

1. 在 Multisim 仿真中，可以使用扫频功能观察输入、输出频谱图。
2. 实验中注意集成运算放大器电源的正负。

实　验

一、实验目的

1. 分析和对比一阶、二阶无源滤波器的滤波特性。
2. 分析和对比一阶、二阶有源滤波器的滤波特性。
3. 分析和对比同阶次的无源和有源滤波器的滤波特性。
4. 掌握系统传输函数幅频特性的测试及绘制方法。

二、实验仪器与器件

1. 万用表一只。
2. 直流稳压电源一台。
3. 信号发生器一台。
4. 选频电平表一只。
5. 集成运算放大器、电阻与电容若干。

三、预习要求

1. 对比一阶滤波器与二阶滤波器输入、输出信号频谱的特点，绘制出实验电路的接线图。

2. 准备数据记录表。

3. 撰写预习报告。

四、实验内容

1. 用 Multisim 软件实现低通滤波器的输入、输出频谱的测量及分析(图 3.2.6、图 3.2.7)。

(1) 绘制测量电路并做输入、输出信号的参数仿真。

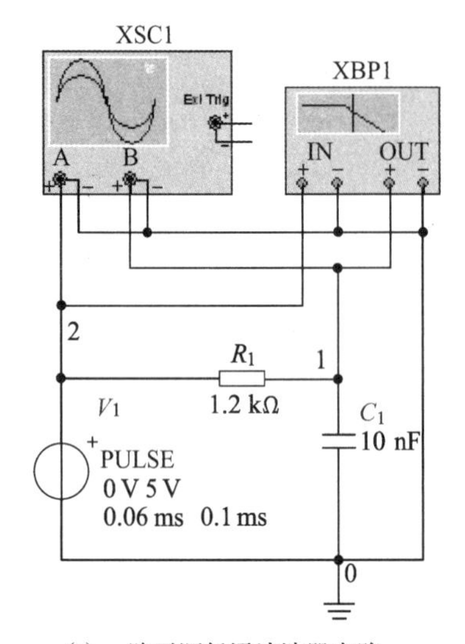

(a) 一阶无源低通滤波器电路

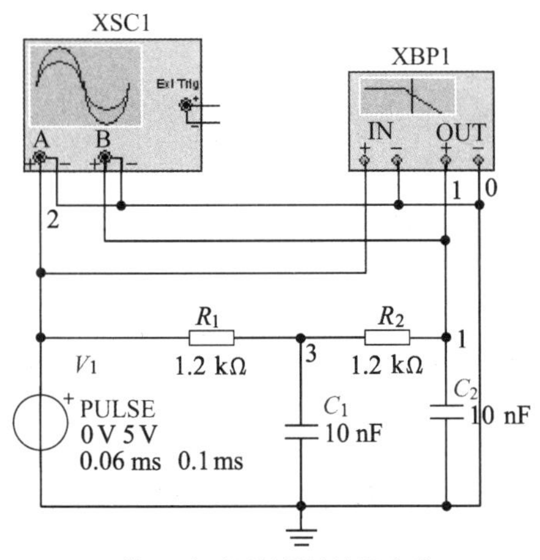

(b) 二阶无源低通滤波器电路

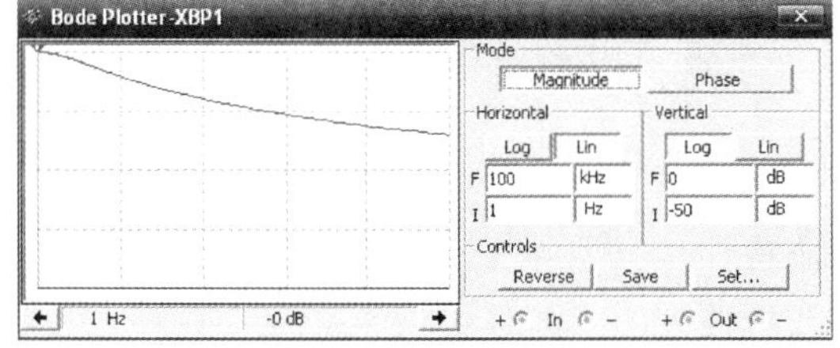

(c) 一阶无源低通滤波器仿真波特图

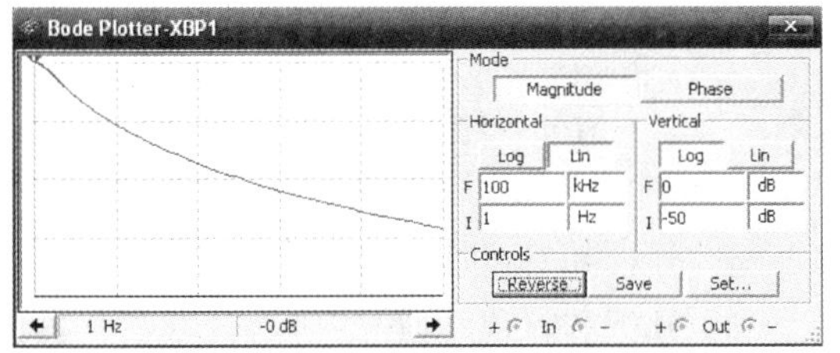

(d) 二阶无源低通滤波器仿真波特图

图 3.2.6 无源低通滤波器

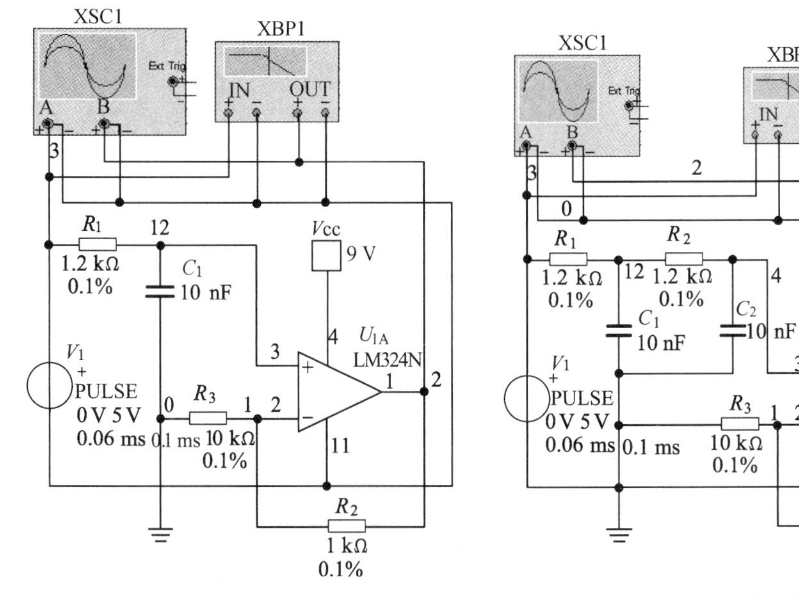

(a) 一阶有源低通滤波器电路

(b) 二阶有源低通滤波器电路

图 3.2.7 有源低通滤波器

(2) 一阶滤波器、二阶滤波器输入和输出信号幅度频谱的仿真测量。

虚拟电压信号源设置参数为周期矩形波信号，其中周期 $T=100\ \mu s$，脉冲宽度 $\tau=$

60 μs，脉冲幅度 $V_p=5$ V。采用虚拟示波器测量滤波器输入、输出信号的时域波形，采用波特仪测量滤波器传输特性的频谱图，并记录输出波形。

（3）通过变换 R、C 参数，掌握其对滤波器传输特性的影响。

2. 低通滤波器的设计、装配与调试。

（1）电路的焊接。

按仿真电路给定的元器件参数在万能板上进行焊接，注意板面的布局、器件的分布及极性、走线的合理等问题。

（2）电路的电气检查。

先对焊接后的电路进行短路检查，在进行有源滤波器实验时，输出端不可短路，以免损坏运算放大器，上述检查都通过后方可给电路加载 9 V 的直流电源。

（3）信号的测量。

将信号发生器的输出信号接至滤波器的输入端，设置参数为周期矩形波信号，其中周期 $T=100$ μs，脉冲宽度 $\tau=60$ μs，脉冲幅度 $V_p=5$ V。采用示波器测量滤波器输入、输出信号的时域波形，采用选频电平表测量滤波器输入、输出信号的频谱，并记录实验数据。

注意：电源开关的顺序是先给滤波器上电，然后开启信号发生器电源。

五、实验报告要求

1. 写明实验原理及实验步骤。

2. 通过仿真测试，比较无源滤波器和有源滤波器电路的特点，并绘出测量电路的仿真波形，分析和对比无源滤波器与有源滤波器的滤波特性。

3. 通过滤波器的制作与测试，根据测试数据（填入表 3.2.1 中）绘制滤波器传输特性的频谱曲线，说明它们的特点。通过本实验，掌握无源滤波器和有源滤波器的设计方法。

表 3.2.1　实验数据表

谐波幅度/V			nf/kHz									
			f	$2f$	$3f$	$4f$	$5f$	$6f$	$7f$	$8f$	$9f$	$10f$
波形	输入信号	一阶（无源）										
		二阶（无源）										
		一阶（有源）										
		二阶（有源）										
	输出信号	一阶（无源）										
		二阶（无源）										
		一阶（有源）										
		二阶（有源）										

实验3　信号通过线性系统的特性分析

理　论

一、实验原理

通过频谱分析可以看出，在一般情况下线性系统的响应波形与激励波形是不同的，即信号在通过线性系统传输的过程中产生了失真。

线性系统引起的信号失真是由两方面的因素造成的：一是系统对信号中各频率分量的幅度产生不同程度的衰减，使响应各频率分量的相对幅度产生变化，造成幅度失真；二是系统对各频率分量产生的相移与频率不成正比，使响应各频率分量在时间轴上的相对位置产生变化，造成相位失真。

线性系统的幅度失真与相位失真都不产生新的频率分量。对于非线性系统，由于其具有非线性特性，对于传输信号产生非线性失真，非线性失真可能产生新的频率分量。

如果信号在传输过程中不失真，那么响应 $r(t)$ 与激励 $e(t)$ 波形相同，只是幅度大小或出现的时间不同。激励与响应的关系可表示为

$$r(t)=ke(t-t_0) \tag{3.3.1}$$

为了实现信号无失真传输，线性系统应该满足的条件可由式(3.3.1)给出，即

$$R(\mathrm{j}\omega)=kE(\mathrm{j}\omega)\mathrm{e}^{-\mathrm{j}\omega t_0} \tag{3.3.2}$$

设 $e(t)$ 与 $r(t)$ 的傅立叶变换分别是 $E(\mathrm{j}\omega)$ 和 $R(\mathrm{j}\omega)$，则

$$R(\mathrm{j}\omega)=H(\mathrm{j}\omega)E(\mathrm{j}\omega) \tag{3.3.3}$$

比较式(3.3.2)与式(3.3.3)，在信号无失真传输时，系统函数应为

$$H(\mathrm{j}\omega)=|H(\mathrm{j}\omega)|\mathrm{e}^{\mathrm{j}\Phi(\omega)}=k\mathrm{e}^{-\mathrm{j}\omega t_0} \tag{3.3.4}$$

因此，为了实现任意信号通过线性系统不产生波形失真，该系统应满足以下两个理想条件(图3.3.1)：

$$\begin{cases}|H(\mathrm{j}\omega)|=k\\ \Phi(\omega)=-\omega t_0\end{cases} \tag{3.3.5}$$

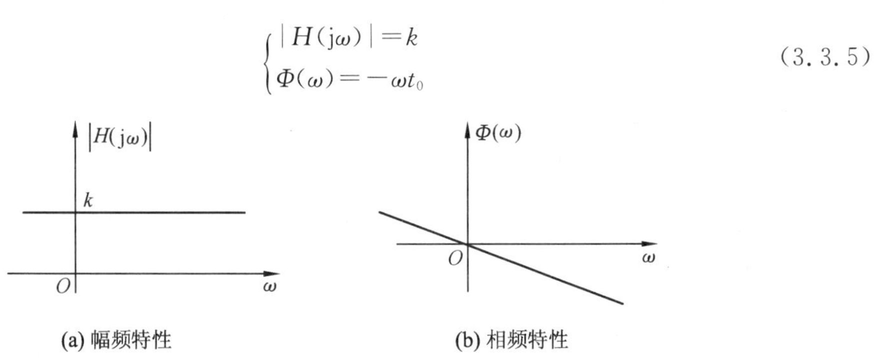

(a) 幅频特性　　(b) 相频特性

图3.3.1　理想线性传输系统的系统函数的频率特性

很显然，在传输有限频宽的信号时，上述理想条件可以放宽，只要在信号占有频带范围内系统满足上述理想条件即可。

二、实验方法

实验电路如图 3.3.2 所示，且有

$$H(\mathrm{j}\omega)=\frac{U_1(\mathrm{j}\omega)}{U_2(\mathrm{j}\omega)}=\frac{\dfrac{R_2}{1+\mathrm{j}\omega R_2C_2}}{\dfrac{R_1}{1+\mathrm{j}\omega R_1C_1}+\dfrac{R_2}{1+\mathrm{j}\omega R_2C_2}} \tag{3.3.6}$$

若 $R_1C_1=R_2C_2$，则 $H(\mathrm{j}\omega)=\dfrac{R_2}{R_1+R_2}$，$\Phi(\omega)=0$，该系统满足无失真传输的条件。

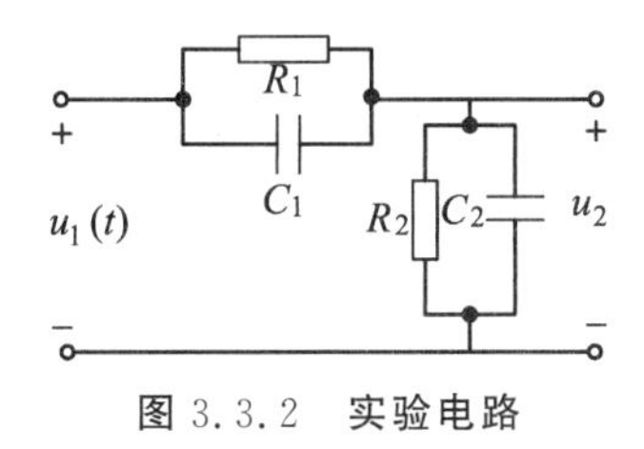

图 3.3.2 实验电路

1. 系统传输函数幅频特性的测试。

首先测试系统输入信号的频谱，再测试该信号通过系统后输出的频谱，比较输入、输出的变化。

为能反映出特性的整体形状，测量点的分布应合理。首先找出谐振点，在其两边都要取数据点，越靠近谐振点测量点应取得越密些。这些位置是特性变化大的地方，必须用较多的数据描述。

2. 系统传输函数幅频特性的绘制。

由于幅频特性的频率范围跨度很大，采用对数坐标，能够在有限的空间内反映出全貌。

三、注意事项

在 Multisim 仿真中，可以使用扫频功能观察输入、输出频谱图。

实　验

一、实验目的

1. 掌握无失真传输的概念及无失真传输的线性系统满足的条件。
2. 分析无失真传输的线性系统输入、输出频谱特性，给出系统的频谱特性。
3. 掌握系统幅频特性的测试及绘制方法。

二、实验仪器与器件

1. 万用表一只。
2. 直流稳压电源一台。
3. 信号发生器一台。

4. 选频电平表一只。

5. 电阻与电容若干。

三、预习要求

1. 对比无失真传输的线性系统输入、输出信号频谱的特点，绘制出实验电路的接线图。

2. 准备数据记录表。

3. 撰写预习报告。

四、实验内容

1. 用 Multisim 软件实现低通滤波器的输入、输出频谱的测量及分析。

(1) 绘制测量电路(图 3.3.3)并做输入、输出信号的参数仿真。

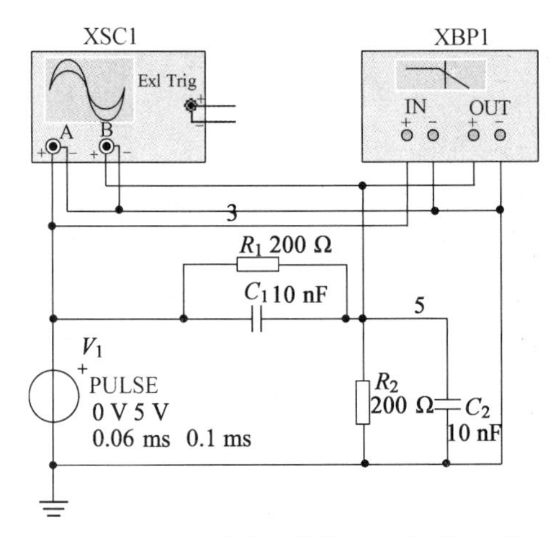

图 3.3.3 无失真传输线性系统的测量电路

(2) 无失真传输线性系统输入、输出信号幅度频谱的仿真测量。

虚拟电压信号源设置参数为周期矩形波信号，其中周期 $T=100\ \mu s$，脉冲宽度 $\tau=60\ \mu s$，脉冲幅度 $V_p=5\ V$。采用虚拟示波器测量滤波器输入、输出信号的时域波形，采用波特仪测量线性系统传输特性的频谱图，并记录输出波形。

(3) 通过变换 R、C 参数，掌握其对滤波器传输特性的影响。

当 $R_1=200\ \Omega$，$C_1=10\ nF$，$R_2=200\ \Omega$，$C_2=10\ nF$ 时，测试系统传输特性频谱图；

当 $R_1=200\ \Omega$，$C_1=10\ nF$，$R_2=20\ \Omega$，$C_2=100\ nF$ 时，测试系统传输特性频谱图；

当 $R_1=200\ \Omega$，$C_1=10\ nF$，$R_2=5\ k\Omega$，$C_2=10\ nF$ 时，测试系统传输特性频谱图；

当 $R_1=200\ \Omega$，$C_1=10\ nF$，$R_2=2\ k\Omega$，$C_2=10\ nF$ 时，测试系统传输特性频谱图；

当 $R_1=200\ \Omega$，$C_1=10\ nF$，$R_2=200\ \Omega$，$C_2=100\ nF$ 时，测试系统传输特性频谱图。

2. 无失真传输线性系统的设计、装配与调试。

(1) 电路的焊接。

按仿真电路给定的元器件参数在万能板上进行焊接，注意板面的布局、器件的分布及极性、走线的合理等问题。

(2) 电路的电气检查。

先对焊接后的电路进行短路检查,无短路现象方可上电调试。

(3) 信号的测量。

信号发生器的输出信号接至调试电路的输入端,设置参数为周期矩形波信号,其中周期 $T=100\ \mu s$,脉冲宽度 $\tau=60\ \mu s$,脉冲幅度 $V_p=5$ V。采用示波器测量滤波器输入、输出信号的时域波形,采用选频电平表测量待调试系统的输入、输出信号的频谱,并记录实验数据。

注意:电源开关的顺序是先给待调试的系统上电,然后开启信号发生器电源。

(4) 通过变换 R、C 参数,掌握其对滤波器传输特性的影响。

当 $R_1=200\ \Omega$,$C_1=10$ nF,$R_2=200\ \Omega$,$C_2=10$ nF 时,测试系统传输特性频谱图;

当 $R_1=200\ \Omega$,$C_1=10$ nF,$R_2=20\ \Omega$,$C_2=100$ nF 时,测试系统传输特性频谱图;

当 $R_1=200\ \Omega$,$C_1=10$ nF,$R_2=5$ kΩ,$C_2=10$ nF 时,测试系统传输特性频谱图;

当 $R_1=200\ \Omega$,$C_1=10$ nF,$R_2=200\ \Omega$,$C_2=100$ nF 时,测试系统传输特性频谱图。

五、实验报告要求

1. 写明实验原理及实验步骤。

2. 通过仿真测试,分析无失真传输线性系统的传输特性。

3. 通过无失真传输线性系统的制作与测试,根据测试数据(填入表 3.3.1 中)绘制系统传输函数的频谱曲线(注意区分单位 V/dB),说明其特点。

4. 写明通过本实验掌握的无失真传输线性系统应满足的条件。

表 3.3.1　实验数据表

频谱值/(V/dB)			频率/kHz									
			f	$2f$	$3f$	$4f$	$5f$	$6f$	…	$13f$	$14f$	$15f$
参数	$R_1=$ $C_1=$ $R_2=$ $C_2=$	U_i										
		U_o										
		A_v										
	$R_1=$ $C_1=$ $R_2=$ $C_2=$	U_i										
		U_o										
		A_v										

第四章　综合实验

实验1　音频功率放大电路

一、任务

设计并完成一个音频功率放大电路，频带宽为 50 Hz～20 kHz，输出波形基本不失真。

(1) 设计目标输出功率放大倍数；

(2) 设计目标输出功率。

二、要求

1. 查资料，设计电路原理图，确定器件及其参数。
2. 用 Multisim 软件画原理图并仿真，记录仿真结果。
3. 制作实物，记录输出结果。
4. 学习 Altium Designer 软件的使用。

三、系统主要模块

系统的主要模块如图 4.1.1 所示，对输入音频进行电压放大和电流放大，达到功率放大的目的。

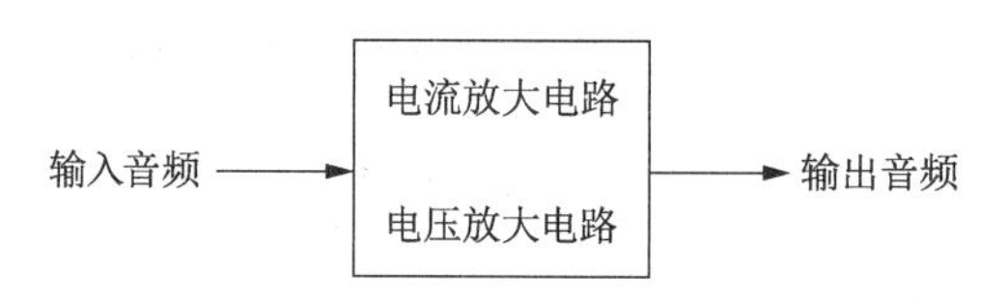

图 4.1.1　音频功率放大主要模块

四、建议器件与提示

建议采用分立元件，包括晶体管、电容、电阻元件来实现。在仿真阶段可以用信号源替代音频信号，并用电压表、电流表测量输入和输出的电压、电流，计算功率。

五、实验报告要求

1. 写明实验任务及其目的。
2. 写明实现方案，包括各主要器件选型、各模块的原理、参数的确定。

3. 给出仿真电路及其仿真结果。

4. 给出实际电路(可给出照片)及测量结果。

5. 分析输入和输出音频的频谱,分析输出波形的失真情况,分析功率放大倍数和输出功率是否符合预期目标,思考如何调整。

6. 利用 Altium Designer 软件绘制所设计电路的 PCB 版图(选做)。

实验 2 电容 C 的测量

一、任务

设计一个能够测量电容器件参数的测量电路。

(1) 电容 C 测量仪的量程范围:100 pF~1 μF;

(2) 电容 C 测量仪的量程范围:1 μF~1 000 μF(选做);

(3) 测量精度:±5%。

二、要求

1. 查资料,设计电路原理图,确定器件及其参数。

2. 用 Multisim 软件画电路原理图并仿真,记录仿真结果。

3. 制作实物,记录输出结果,计算电容 C 的值。

4. 学习 Altium Designer 软件的使用。

三、系统主要模块

系统主要模块如图 4.2.1 所示,首先设计一个振荡电路,将待测电容设计为决定振荡电路频率的关键参数,再根据测量的振荡频率计算电容值。

图 4.2.1 电容测量电路主要模块

四、建议器件与提示

可采用 555 振荡电路得到振荡频率。注意:由于题目中要测量的电容值范围较大,需要结合 555 振荡电路的起振频率范围,设计相应的外围电路,尤其要注意电阻的取值。可以先将待测范围划分为三个测量范围,然后针对相应测量范围设计合适的外围电路。也可采用电桥法、谐振法等进行电容的测量。

五、实验报告要求

1. 写明实验任务及其目的。

2. 写明实现方案,包括各主要器件选型、各模块的原理、参数的确定。

3. 给出仿真电路及其仿真结果。
4. 给出实际电路(可给出照片)及测量结果。
5. 计算测量误差,对照精度要求分析所用方法的性能,分析误差来源及改进方法。
6. 利用 Altium Designer 软件绘制所设计电路的 PCB 版图(选做)。

实验3　电感 *L* 的测量

一、任务

设计一个能够测量电感器件参数的测量电路。

(1) 电感 L 测量仪的量程范围:100 μH～10 mH;

(2) 测量精度:±5%。

二、要求

1. 查资料,设计电路原理图,确定器件及其参数。
2. 用 Multisim 软件画原理图并仿真,记录仿真结果。
3. 制作实物,记录输出信号及相关参数,计算电感 L 的值。
4. 学习 Altium Designer 软件的使用。

三、系统主要模块

系统主要模块如图 4.3.1 所示,首先设计一个振荡电路,将待测电感设计为决定振荡电路频率的关键参数,再根据测量的振荡频率计算电感值。

图 4.3.1　电感测量电路主要模块

四、建议器件与提示

可采用电容三点式振荡电路,得到振荡频率,主要器件包括晶体管和独石电容。可以先将待测范围划分为几个量程,然后针对相应量程设计合适的外围电路参数,使振荡频率落在合适的范围内。

五、实验报告要求

1. 写明实验任务及其目的。
2. 写明实现方案,包括各主要器件选型、各模块的原理、参数的确定。
3. 给出仿真电路及其仿真结果。
4. 给出实际电路(可给出照片)及测量结果。
5. 计算测量误差,对照精度要求分析所用方法的性能,分析误差来源及改进方法。

6. 利用 Altium Designer 软件绘制所设计电路的 PCB 版图(选做)。

实验4　升压与降压电路

一、任务

设计一个降压电路与一个升压电路。
(1) 采用开关电路设计一个 12 V 到 5 V 的降压电路;
(2) 采用线性升压电路设计一个 5 V 到 12 V 的升压电路;
(3) 精度要求:±3%。

二、要求

1. 查资料,设计电路原理图,确定器件及其参数。
2. 用 Multisim 软件画原理图并仿真,记录仿真结果。
3. 制作实物,记录输出电压。
4. 学习 Altium Designer 软件的使用。

三、系统主要模块

系统主要模块如图 4.4.1 所示,降压电路中的智能调压电路要求采用分立元件搭建,不可直接用 7805 替代。

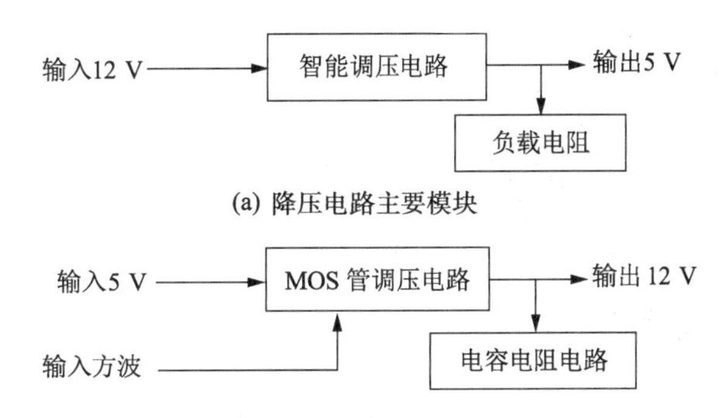

图 4.4.1　降压、升压电路主要模块

四、建议器件与提示

1. 降压电路建议采用稳压管、运算放大器、三极管及电阻构成。
2. 升压电路建议采用 MOS 管、二极管、电感、电容、电阻构成。

五、实验报告要求

1. 写明实验任务及其目的。

2. 写明实现方案，包括各主要器件选型、各模块的原理、参数的确定。

3. 给出仿真电路及其仿真结果。

4. 给出实际电路（可给出照片）及测量结果。

5. 计算测量误差，分析误差来源，调整电路参数，对照精度要求分析评价所用方法的性能。

6. 利用 Altium Designer 软件绘制所设计电路的 PCB 版图（选做）。

实验 5　稳流电源

一、任务

设计一个稳流电源，并采用差分电路测量稳流值。

（1）产生一个稳流电源，并指明稳定电流所在的支路，采用差分电路测量稳定电流所在支路的差分电压，并计算稳流值；

（2）在 0～500 mA 之间选择一个目标稳流值，误差控制在±1%内，完成后可再改变目标值。

二、要求

1. 查资料，设计电路原理图，确定器件及其参数。

2. 用 Multisim 软件画原理图并仿真，记录仿真结果。

3. 制作实物，记录输出信号，计算稳流值。

4. 学习 Altium Designer 软件的使用。

三、系统主要模块

系统主要模块如图 4.5.1 所示，首先设计一个基准电压源电路，结合晶体管构成稳流源，然后采用差分电路计算稳流值。

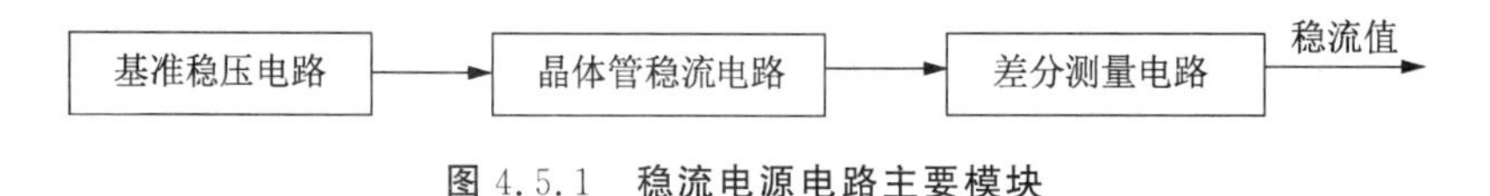

图 4.5.1　稳流电源电路主要模块

四、建议器件与提示

基准电压源可采用 TL431，结合 9013 三极管形成稳流电路，差分电路可用 LM358。

五、实验报告要求

1. 写明实验任务及其目的。

2. 写明实现方案，包括各主要器件选型、各模块的原理、参数的确定。

3. 给出仿真电路及其仿真结果。

4. 给出实际电路（可给出照片）及测量结果。

5. 计算测量误差，分析误差来源，并分析所设计的电路能够输出的稳流范围。
6. 利用 Altium Designer 软件绘制所设计电路的 PCB 版图(选做)。

实验 6　方波发生电路及滤波电路

一、任务

设计并制作一个方波发生电路及低通滤波电路，观察它们的输出时域波形和频谱。
(1) 用 555 芯片设计一个幅度为 5 V、频率为 1 kHz、占空比为 50%的方波发生器；
(2) 设计截止频率为 500～3 000 Hz 的低通滤波电路对(1)中的方波进行滤波。

二、要求

1. 查资料，设计电路原理图，确定器件及其参数。
2. 用 Multisim 软件画原理图并仿真，记录仿真结果。
3. 制作实物，用示波器测量方波输出和滤波器输出，并记录波形。
4. 学习 Altium Designer 软件的使用。

三、系统主要模块

系统主要模块如图 4.6.1 所示，首先设计一个方波振荡电路，然后经过一个低通滤波电路输出信号。

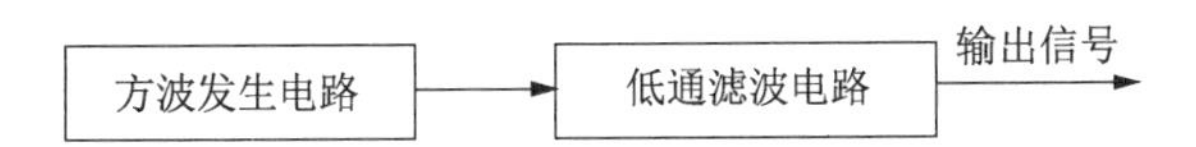

图 4.6.1　方波发生电路及低通滤波电路主要模块

四、建议器件与提示

方波发生电路可用 555 芯片，低通部分由低通＋高通电路组成，可采用无源或有源滤波电路，注意根据截止频率计算 R、C 等参数的值，并通过频谱分析验证电路的正确性。

五、实验报告要求

1. 写明实验任务及其目的。
2. 写明实现方案，包括各主要器件选型、各模块的原理、参数的确定。
(1) 555 芯片的原理图及逻辑关系；
(2) 确定频率为 1 kHz 时的参数，并给出计算方法；
(3) 确定占空比为 50%时的参数，并给出计算方法；
(4) 确定截止频率为 500～3 000 Hz 时低通滤波电路的参数，并给出计算方法。
3. 给出仿真电路及其仿真结果。
4. 给出实际电路(可给出照片)及测量结果。
5. 对比输入和输出波形的频谱，分析滤波器的特性，如截止频率、过渡带是否达到要求。

6. 利用 Altium Designer 软件绘制所设计电路的 PCB 版图(选做)。

实验 7　正弦波发生电路及移相电路

一、任务

用运算放大器设计并完成正弦波发生电路,观察输出波形。

(1) 设定一个目标正弦波频率,用运算放大器和 RC 串并联网络组成振荡器,产生一个正弦波(文氏桥振荡器);

(2) 用 RC 电路设计一个移相电路,要求移相 60°。

二、要求

1. 查资料,设计电路原理图,确定器件及其参数。
2. 用 Multisim 软件画原理图并仿真,记录仿真结果。
3. 制作实物,用示波器测量输出特性(频率与幅度),并记录波形。
4. 学习 Altium Designer 软件的使用。

三、系统主要模块

系统主要模块如图 4.7.1 所示,首先设计一个正弦波发生电路,然后设计移相电路。

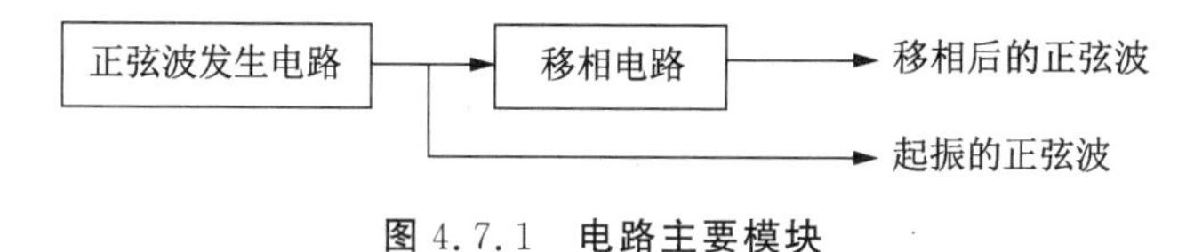

图 4.7.1　电路主要模块

四、建议器件与提示

正弦波振荡电路建议采用电阻、电容、LM358 运算放大器构成 RC 串并联网络振荡器,移相电路可采用 RC 电路。

五、实验报告要求

1. 写明实验任务及其目的。
2. 写明实现方案,包括各主要器件选型、电路原理、参数的确定。
3. 给出计算频率的方法。
4. 给出仿真电路及其仿真结果。
5. 给出实际电路(可给出照片)及测量结果。
6. 分析振荡波形的频率与幅度是否符合预设的目标,思考波形的指标、质量主要受哪些参数影响,判断相位改变是否达到预期目标,并分析移相电路对信号的影响。
7. 利用 Altium Designer 软件绘制所设计电路的 PCB 版图(选做)。

实验 8　温度-频率转换电路

一、任务

采用 555 时基电路与热敏电阻等元件，设计一个输出频率随温度变化的电路，并根据频率计算温度值。

(1) 仿真可用电压代替温度值，将 1～10 V 的电压转换成 100～1 000 Hz 的频率信号；

(2) 转换范围的误差在±3%范围内。

二、要求

1. 查资料，设计电路原理图，确定器件及其参数。
2. 用 Multisim 软件画原理图并仿真，记录仿真结果。
3. 制作实物，用示波器或频率计测量频率，用温度计测量温度，记录温度与频率的关系，并绘制 c-f 图。
4. 学习 Altium Designer 软件的使用。

三、系统主要模块

系统主要模块如图 4.8.1 所示，首先设计一个温度传感电路，将温度转换为电压，然后设计电压-频率转换电路，使温度转换后的电压控制输出信号的频率。

图 4.8.1　温度-频率转换电路主要模块

四、建议器件与提示

温度传感电路可采用热敏电阻，后续的电压-频率转换(VFC)电路采用 555 芯片、741 运算放大器或 LM331 作为主要组成部分。

五、实验报告要求

1. 写明实验任务及其目的。
2. 写明实现方案，包括各主要器件选型、电路的原理、参数的确定。
3. 给出计算频率的方法。
4. 给出仿真电路及仿真结果。
5. 给出实际电路(可给出照片)及测量结果。
6. 分析输入与输出的关系，计算误差是否达到要求，思考减小误差的方法。
7. 利用 Altium Designer 软件绘制所设计电路的 PCB 版图(选做)。

实验9 温度测量及报警电路

一、任务

设计并制作一个温度监测及三级报警电路，改变环境温度并观察输出或显示状态。报警分三级：(1) 温度>20 ℃，一个灯亮；(2) 温度>40 ℃，两个灯亮；(3) 温度>60 ℃，三个灯亮。

二、要求

1. 查资料，设计电路原理图，确定器件及其参数。
2. 用 Multisim 软件画原理图并仿真，记录仿真结果。
3. 制作实物，记录输出结果。
4. 学习 Altium Designer 软件的使用。

三、系统主要模块

系统主要模块如图 4.9.1 所示，首先采用温度传感电路实现温度到电压的转换，然后经电压比较电路对电压进行分区管理，每一电压分区控制一路输出，即报警电路。由此实现不同的温度落在不同的电压分区，给出相应的报警提示。

图 4.9.1 温度测量及报警电路主要模块

四、建议器件与提示

温度传感电路可采用热敏电阻(如 MF52)作为测温元件，将温度转换为电压值；电压比较电路采用 LM324 运算放大器；报警电路可以使用发光二极管；电路中的电阻值尽可能设计为常用电阻或常用可调电阻的取值范围。

五、实验报告要求

1. 写明实验任务及其目的。
2. 写明实现方案，包括各主要器件选型、各模块的原理、参数的确定。
(1) 热敏电阻的工作原理及技术指标；
(2) 温度转换为电压值的计算方法；
(3) 确定比较电路中各电阻值，并给出计算方法。
3. 给出仿真电路及其仿真结果。
4. 给出实际电路(可给出照片)及测量结果。
5. 分析所设计电路的测量精度。
6. 利用 Altium Designer 软件绘制所设计电路的 PCB 版图(选做)。

附录 1　实验仪器设备介绍

1.1　Fluke 15 系列数字万用表

一、简介

Fluke 15 系列数字万用表(以下简称“电表”)属 4000 计数仪器。电表使用电池电源,并有数字屏幕,如附图 1.1.1 所示。

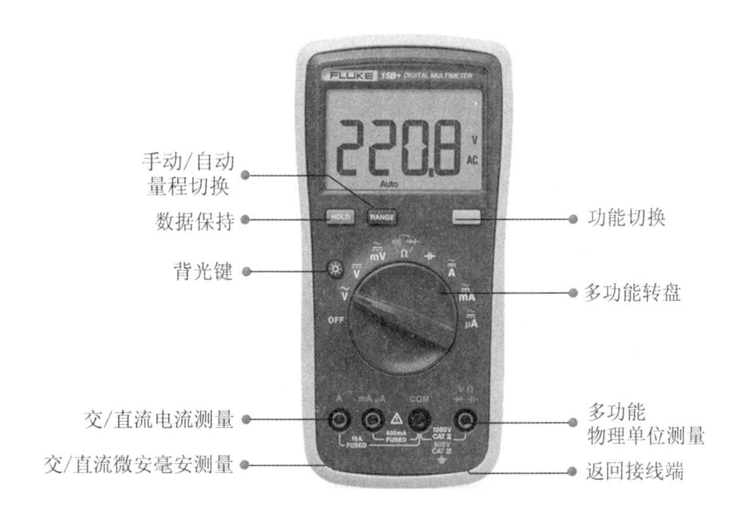

附图 1.1.1　Fluke 15 系列数字万用表

HOLD 数据暂停键:按下此键后,电表保持当前读数,再按下此键则取消。

RANGE 手动/自动量程切换键:电表有手动量程及自动量程两个选择。在自动量程模式下,电表会为检测到的输入选择最佳量程,转换测试点而无须重置量程。也可以手动选择量程来改变自动量程。

电表的默认值为自动量程模式。当电表在自动量程模式时,会显示“Auto Range”。进入及退出手动量程模式的方法:

(1) 按 RANGE 键,电表进入手动量程模式。每按一次会递增一个量程,当达到最大量程时,电表会回到最小量程。

(2) 退出手动量程,按住 RANGE 键 2 s 即可。

功能切换-黄色按键:选择电阻模式,按下黄色按键两次,可以激活通断性蜂鸣器。如果电阻低于 50 Ω,蜂鸣器将持续发出响声,表明出现短路。如果电表读数为 OL,则表明电路断路。

Fluke 15 系列数字万用表的端子如附表 1.1.1 所示。

附表 1.1.1　Fluke 15 系列数字万用表的端子

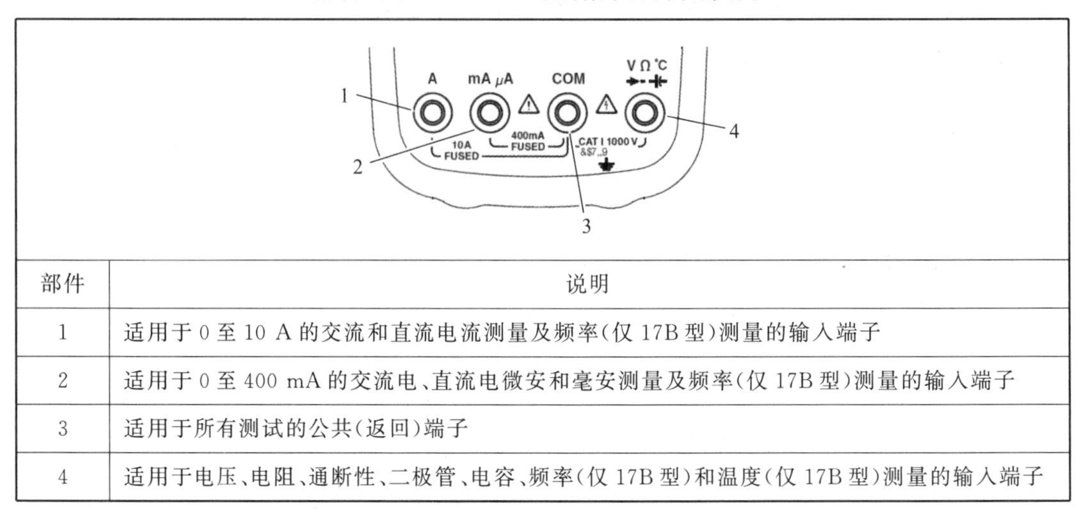

部件	说明
1	适用于 0 至 10 A 的交流和直流电流测量及频率(仅 17B 型)测量的输入端子
2	适用于 0 至 400 mA 的交流电、直流电微安和毫安测量及频率(仅 17B 型)测量的输入端子
3	适用于所有测试的公共(返回)端子
4	适用于电压、电阻、通断性、二极管、电容、频率(仅 17B 型)和温度(仅 17B 型)测量的输入端子

Fluke 15 系列数字万用表的显示屏如附表 1.1.2 所示。

附表 1.1.2　Fluke 15 系列数字万用表的显示屏

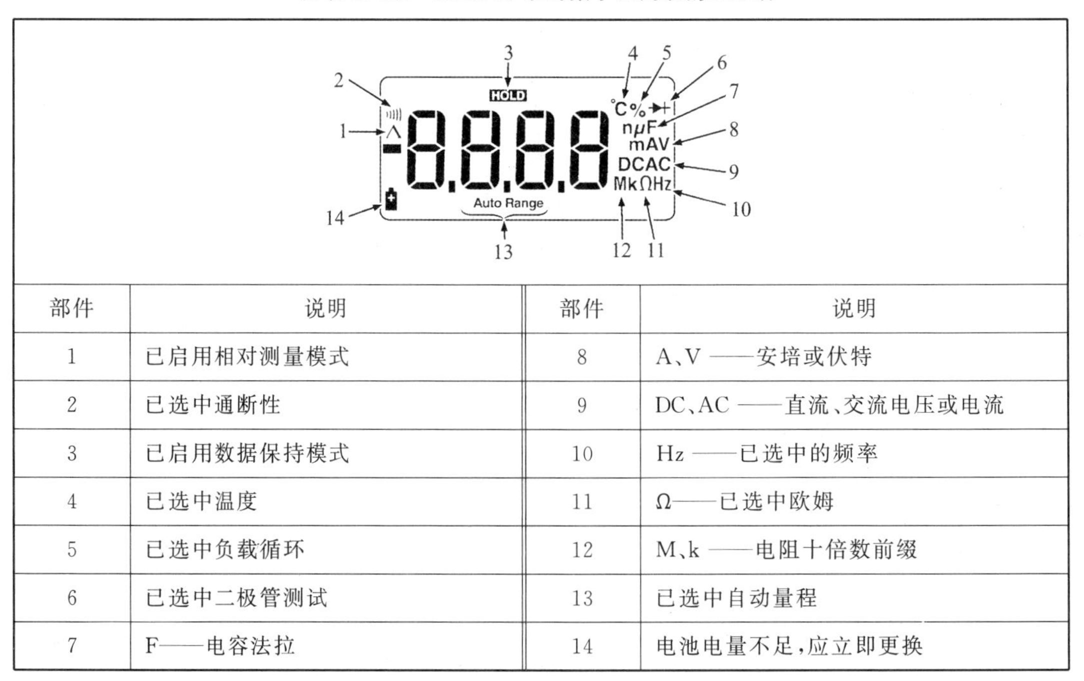

部件	说明	部件	说明
1	已启用相对测量模式	8	A、V ——安培或伏特
2	已选中通断性	9	DC、AC ——直流、交流电压或电流
3	已启用数据保持模式	10	Hz ——已选中的频率
4	已选中温度	11	Ω——已选中欧姆
5	已选中负载循环	12	M、k ——电阻十倍数前缀
6	已选中二极管测试	13	已选中自动量程
7	F——电容法拉	14	电池电量不足,应立即更换

二、安全操作准则

(一) 使用前检查

(1) 在使用电表前,请检查机壳。切勿使用已损坏的电表。检查是否有裂纹或缺少塑胶件。特别要注意接头周围的绝缘。

(2) 检查测试表笔的绝缘是否损坏或表笔金属是否裸露在外。检查测试表笔是否导

通。请在使用电表之前更换已损坏的测试表笔。

(3) 用电表测量已知的电压，确定电表操作正常。请勿使用工作异常的电表。

(4) 若电池指示灯亮，则应立即更换电池。当电池电量不足时，电表可能会产生错误读数，导致电击及人员伤害。

(5) 在打开机壳或电池门之前，必须先把测试导线从电表上拆下。

(二) 使用注意事项

(1) 请勿在连接端子之间或任何端子和地线之间施加高于仪表额定值的电压。

(2) 在超出 30 V 交流电均值、42 V 交流电峰值或 60 V 直流电时使用电表，应格外小心，这些电压有电击危险。

(3) 测量时请选择合适的接线端子、功能和量程。

(4) 禁止在爆炸性气体、蒸汽或粉尘环境中使用。

(5) 在使用测试探针时，手指应保持在保护装置的后面。

(6) 进行连接时，先连接公共测试表笔，再连接带电的测试表笔；切断连接时，则先断开带电的测试表笔，再断开公共测试表笔。

(7) 在测试电阻、通断性、二极管或电容器前，应先切断电路的电源，并把所有高压电容器放电。

(8) 对于所有功能，包括手动或自动量程，为了避免因读数不当而导致电击风险，首先使用交流功能来验证是否有交流电压存在，然后选择等于或大于交流电压量程的直流电压。

(9) 使用完毕后，将电表挡位旋转至“OFF”处，关闭电表。

三、使用说明

(一) 测量交流和直流电压（附图 1.1.2）

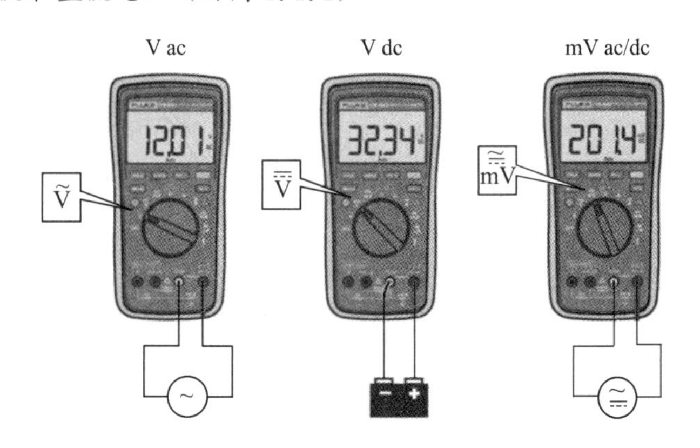

附图 1.1.2 测量交流和直流电压

为最大限度地减少交流或交直流混合电压部件内的未知电压读数错误，应首先选择电表上的交流电压功能，同时记下产生正确测量结果时的交流电压量程；然后选择直流电压功能，使直流电压量程等于或大于前面的交流电压量程。该过程可最大限度地降低交流瞬变所带来的影响，确保直流测量准确。

(1) 调节旋钮 $\tilde{\mathrm{V}}$、$\overline{\overline{\mathrm{V}}}$ 或 $\overset{\approx}{\mathrm{mV}}$ 以选择交流电或直流电。

① 交流电压量程 $\tilde{\mathrm{V}}$：0～1 000 V。

② 直流电压量程 $\overline{\overline{\text{V}}}$：0～1 000 V。

③ 交流或直流电压(毫伏)量程 $\overset{\approx}{\text{mV}}$：0～400 mV。

(2) 将红色表笔连接至端子 VΩ℃，黑色表笔连接至 COM 端子。

(3) 用探针接触想要的电路测试点，测量电压。

(4) 显示屏上所显示的电压为所测量电压。

(二) 测量交流和直流电流(附图 1.1.3)

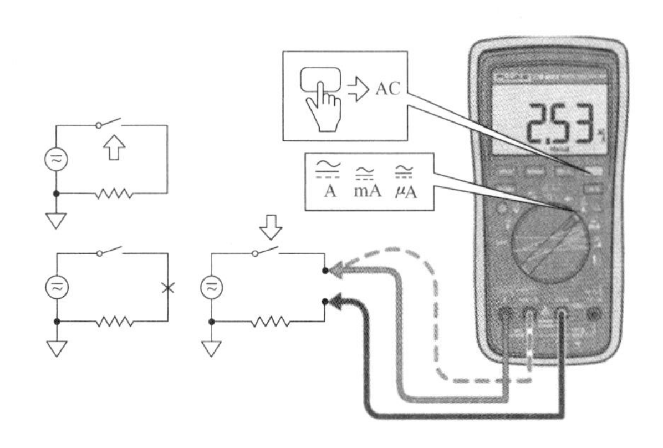

附图 1.1.3 测量交流和直流电流

(1) 调节旋钮 $\overset{\approx}{\text{A}}$、$\overset{\approx}{\text{mA}}$ 或 $\overset{\approx}{\mu\text{A}}$ 以选择交流电或直流电。

① 交流或直流电流量程：0～10 A。

② mA 交流或直流电流量程：0～400 mA。

③ μA 交流或直流电流量程：0～4 000 μA。

(2) 按下“黄色”按钮，在交流或直流测量间切换。

(3) 根据要测量的电流将红色表笔连接至 A、mA 或 μA 端子，并将黑色表笔连接至 COM 端子。

(4) 断开待测的电路路径，将测试导线衔接断口并施用电源。

(5) 显示屏上所显示的电流为所测量电流。若显示为“OL”，则要加大量程；若在数值左边出现“－”，则表明电流从黑色表笔流进万用表。

(三) 测量电阻

在测量电阻时，为避免受到电击或损坏电表，应确保电路的电源已关闭，并将所有电容器放电。

(1) 将旋转开关转到 Ω，确保已切断待测电路的电源。

(2) 将红色表笔连接至 VΩ 端子，黑色表笔连接至 COM 端子。

(3) 将探针接触想要的电路测试点，测量电阻。

(4) 显示屏上所显示的阻值为所测量的电阻阻值。

(四) 测试通断性

选择电阻模式，按下“黄色”按钮一次，以激活通断性蜂鸣器。如果电阻低于 50 Ω，蜂鸣器将持续响起，表明出现短路。如果电表读数为“OL”，则表明电路断路。

(五) 测量二极管

在测量电路二极管时，为避免受到电击或损坏电表，请确保电路的电源已关闭，并将所

有电容器放电。

(1) 将旋转开关转到 Ω。

(2) 按下“黄色”功能按钮两次,启动二极管测试。

(3) 将红色表笔连接至 VΩ 端子,黑色表笔连接至 COM 端子。

(4) 将红色探针接到待测的二极管的正极,黑色探针接到负极。

(5) 读取显示屏上的正向偏压。

(6) 如果表笔极性与二极管极性相反,显示读数为“OL”。这可以用来区分二极管的正极和负极。

(六) 测量电容

为避免损坏电表,在测量电容前,请断开电路电源并将所有高压电容器放电。

(1) 将旋转开关转至⊣⊢。

(2) 将红色表笔连接至 VΩ 端子,黑色表笔连接至 COM 端子。

(3) 将探针接触电容器引脚。

(4) 读数稳定后(最多 15 s),读取显示屏上所显示的电容值。

(七) 测试保险丝

为避免受到电击或人员伤害,在更换保险丝前,请先取下测试表笔,断开一切输入信号。

(1) 将旋转开关转到 Ω。

(2) 将表笔插入 VΩ 端子,将探针触及 A、mA 或 μA 端子。

(3) 状态良好的 A 端子保险丝显示读数在 000.0 Ω 和 000.1 Ω 之间。

(4) 状态良好的 mA、μA 端子保险丝显示读数在 0.999 kΩ 和 1.010 kΩ 之间。

(5) 如果显示读数为“OL”,则更换保险丝并重新测试。

(6) 如果显示屏上显示其他任何数值,则需维修电表。

(八) 更换电池与保险丝(附图 1.1.4)

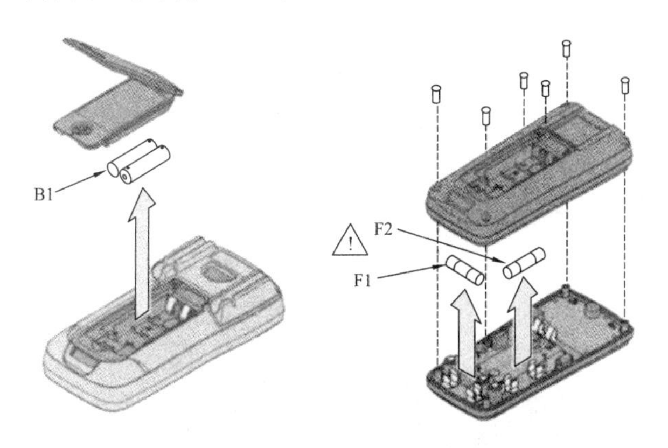

附图 1.1.4　**更换电池与保险丝**

1.2　IT6302 三路可编程直流电源

一、概述

IT6302 三路可编程直流电源，每路输出电压和输出电流均可设定为从 0 到最大额定输出值。该三路电源具备高分辨率、高精度及高稳定性，并且具有限电压、过热保护的功能。此外，它还提供了串、并联的工作模式，用于提升电压或电流的输出能力。高达 10 mV/1 mA 的高解析度，可满足各种应用需求。

IT6302 三路可编程直流电源的主要特色如下：

(1) 电压输出，且均可以调节，通道 1(CH1)、通道 2(CH2)电压 0～30 V 连续可调，通道 3(CH3)电压 0～5 V 可调，三路最大电流均为 3 A。

(2) CH1 和 CH2 可选择串、并联或同步功能，串联最大电压达到 60 V，并联最大电流达到 6 A。

(3) 三路可同时显示电压、电流值。

(4) 1/2 2U 超小体积。

(5) 真空荧光显示屏(VFD)双排显示。

(6) 面板功能按键 LED 显示。

(7) 高分辨率、高精度及高稳定性。

(8) 输出有开关控制。

(9) 限电压、过热保护功能。

(10) 智能温控风扇，降低噪声。

(11) 支持 RS232/USB 通信，使用 IT-E121 支持 RS232 通信。

(12) 低涟波和低噪声。

(13) 断电保持记忆功能。

(14) 可通过计算机进行软件监控。

(15) 可保存 27 组设定数据，快速存储、调用。

(16) 可利用旋钮对电压和电流进行调节。

(17) 可利用光标调节数字步进值。

二、面板介绍(附图 1.2.1)

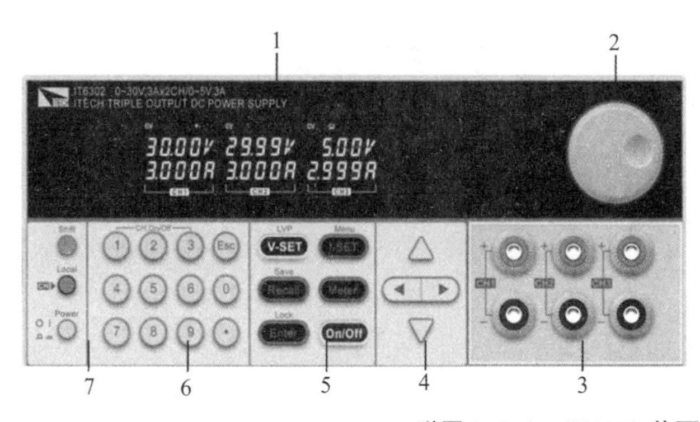

1—VFD 显示屏；2—旋钮；
3—输出端子；4—上、下、左、右移动按键；
5—功能按键；
6—数字按键和 Esc 退出键；
7—电源开关、Local 键和 Shift 键。

附图 1.2.1　IT6302 前面板

（一）VFD 标记描述（附图 1.2.2）

附图 1.2.2 VFD 标记描述

当电源开启后，如果电源出现标记中的任一状态，则在屏幕左下方会显示相关标记（附表 1.2.1）。

附表 1.2.1 IT6302 屏幕标记描述

字符	功能描述	字符	功能描述
CC	定电流操作模式	▼	通道选择标记
CV	定电压操作模式	SEr	串联操作模式
🖳	远程操作模式	PArA	并联操作模式
⇧	Shift 键按下	TRA	同步操作模式

（二）输出端子及键盘（附图 1.2.3）

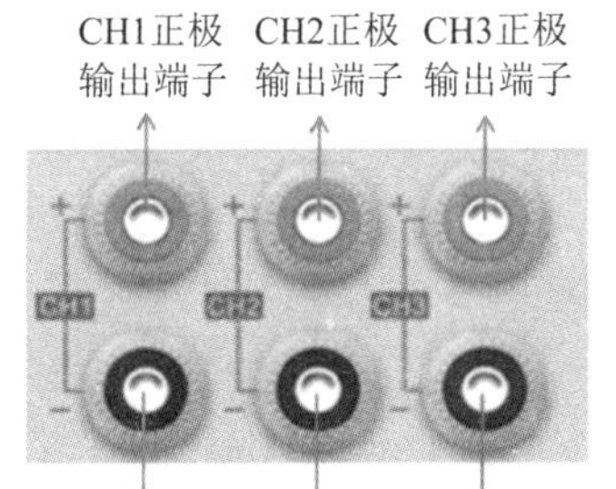

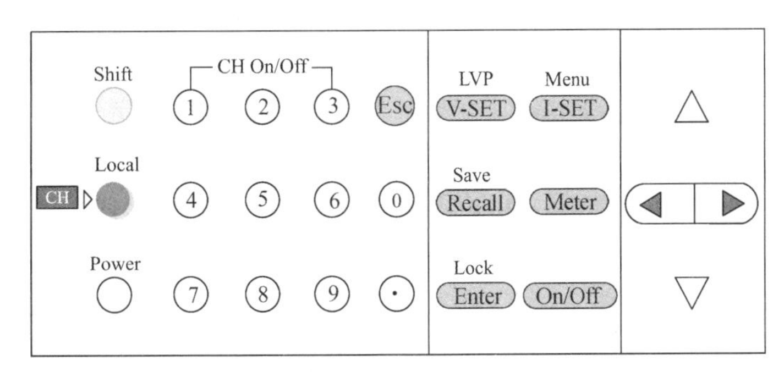

附图 1.2.3 IT6302 输出端子及键盘

（三）键盘功能介绍（附表 1.2.2）

附表 1.2.2 IT6302 键盘功能介绍

按键	名称及功能
0～9	数字键（其中 1～3 为单路开关键，需配合 Shift 按键使用，LOCK 状态下无效）
Esc	返回键
○（Shift）	复合功能键
●（Local）	Local 键，切回本地操作/通道切换键
○（Power）	开关按钮

续表

按键	名称及功能
V-SET/LVP	设置电源输出电压值/LVP设置
I-SET/Menu	设置电源保护电流值/进入菜单设置
Recall/Save	调用保存过的电源设定值/存储电源当前的设定值
Meter	Meter和设定状态的切换
Enter/Lock	确认键/键盘锁定
On/Off	控制电源的输出状态
◀ ▶	左右移动键,可以移动光标或在菜单中选择菜单项
▲ ▼	上下移动键,用来增大或减小设定值,改变当前参数
(Shift)+1 (Shift)+2 (Shift)+3	在任何状态下(菜单设置或Meter状态),按下此键,即可使相应的通道输出打开/关闭

三、操作方法

(一)电压设置操作

电压设置的范围在0 V到最大输出电压值之间。在进行电压操作前应先设定电压的上限。可以用下面三种方法通过前面板来设置输出电压值。

(1)按(Local)键切换通道,按V-SET键+数字键,按Enter键确认,可直接设置当前通道的电压值。

(2)按V-SET键,按▶ ◀键可调整光标位置,转动旋钮可改变所选光标上的数字,即可设置电压值。按Esc键退出或Enter键确认。

(3)按V-SET键,按▶ ◀键可调整光标位置,按▲ ▼键可以改变光标所在位置的值,按Enter键确认。

(二)电流设置操作

电流设置的范围在0 A到满额定输出电流值之间。可以用下面三种方法通过前面板来设置输出电流值。

(1)按(Local)键切换通道,按I-SET键+数字键,按Enter键确认,可直接设置当前通道的电流值。

(2)按I-SET键,按▶ ◀键可调整光标位置,转动旋钮可改变所选光标上的数字,即可设置电流值。按Esc键退出或Enter键确认。

(3)按I-SET键,按▶ ◀键可调整光标位置,按▲ ▼键可以改变光标所在位置的值,按Enter键确认。

(三)限电压操作

切换到某个通道后,按(Shift)+V-SET/LVP,在当前通道电压显示位置将显示

LVP，电流位置值将闪烁，提示用户设置限电压点，可以直接用数字键或用光标＋旋钮的方式输入需要设置的限电压点。按Esc键可取消操作。设置限电压后，当设置电压高于该电压时，将自动跳到设置的限电压点。三个通道可分别设置限电压点。

（四）菜单功能

按(Shift)＋I-SET(Menu)键后进入菜单功能（附表 1.2.3），此时 VFD 上显示可选择菜单，可用左右操作键来改变选项，上下按键可切换菜单项。按Enter键，将会进入光标所在位置的功能选项，按Esc键将退出菜单。当选项处于闪烁状态时，表示当前菜单被选中。

附表 1.2.3 IT6302 菜单功能

菜单	选项	说明
Out		电源上电输出状态设置
	OFF	初始状态为 OFF
	Last	保持上一次关机前的状态
Beep		按键声音设置
	OFF	按键声音关闭
	ON	按键声音开启
BAUD		通信波特率的设置
	4.8	波特率 4 800
	9.6	波特率 9 600
	38.4	波特率 38 400
Grp		存储数据组别选择
	Grp1	存储在第一组
	Grp2	存储在第二组
	Grp3	存储在第三组
COUP		设置 CH1 和 CH2 的组合状态
	OFF	取消 CH1 和 CH2 的组合
	Ser	CH1 和 CH2 设为串联模式
	Par	CH1 和 CH2 设为并联模式
TRAC		设置 CH1 和 CH2 的同步状态
	OFF	关闭同步功能
	ON	开启同步功能

（五）COUP（组合状态）

此选项设置 CH1 和 CH2 的组合状态，选项有 Off、Ser、Par。

IT6302 的软件串/并联仅支持 CH1 和 CH2 组合，设置串/并联后，VFD 上将在 CH2 显示位置显示串/并联标志，只需要设置组合后的电压/电流即可，电压/电流自动分配。

如果是硬件上直接连接（不在菜单中设置 COUP 组合状态），那么三个通道可以全部串/并联。此时，三个通道的电压、电流参数值需要分别设置。

1. Ser（输出串联设置）。

选择此项，可以将 CH1 和 CH2 通道串联。按Enter键确认选择，按Esc键退出选择。

将 CH1 和 CH2 设置为串联状态，面板上将提示“Ser SUCC”。显示 2 s 后，系统自动退出菜单。例如，在输出关闭和 Meter 状态，VFD 将显示附图 1.2.4 所示的信息。

附图 1.2.4 IT6302 输出串联显示

在电源输出 OFF 状态下，硬件直接连接，按附图 1.2.5 所示的方式接线。

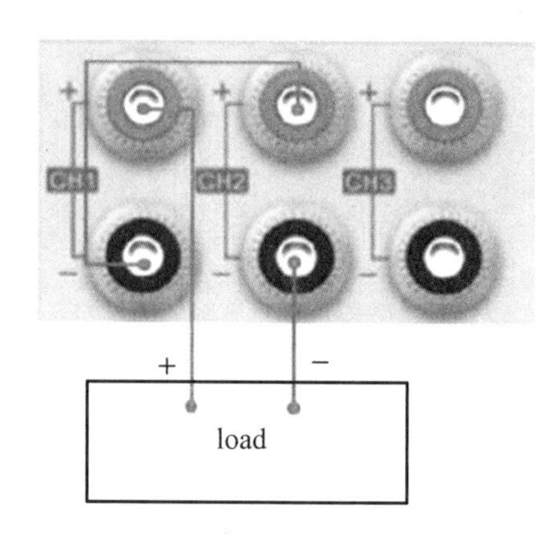

附图 1.2.5 串联端子接线

2. Par(输出并联设置)。

选择此项,可以将 CH1 和 CH2 设置为并联模式。按 Enter 键确认选择,按 Esc 键退出选择。

将 CH1 和 CH2 设置为并联,按 (Shift)+ I-SET (Menu)键后进入菜单,按上下键选择 COUP,左右键移动选择 PArA, 然后按 Enter 键,面板上将提示“Para SUCC”。显示2 s后,系统自动退出菜单。例如,在输出关闭和 Meter 状态,VFD 将显示附图 1.2.6 所示的信息。

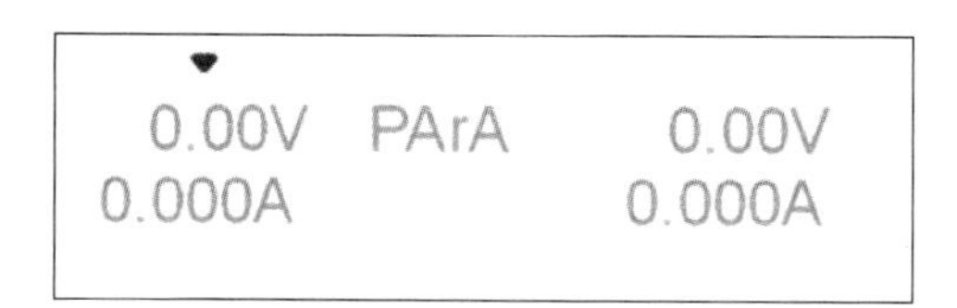

附图 1.2.6 IT6302 输出并联显示

在电源输出 OFF 状态下,硬件直接连接,按附图 1.2.7 所示的方式接线。

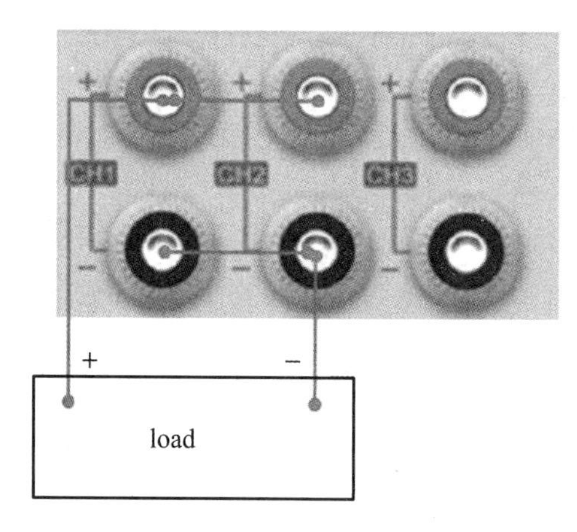

附图 1.2.7 并联端子接线

3. 选择串/并联后的参数。

选择串联后,CH1 和 CH2 的参数将自动设置为默认值(电压 0 V,电流 3.1 A)。选择并联后,CH1 和 CH2 的电流将自动设置为 6.2 A,电压仍为 0 V。

4. 选择串/并联后各通道的限电压值。

若选择串/并联之前，设置 CH1 和 CH2 的限电压值分别是 20 V、25 V，那么选择 CH1 和 CH2 串联之后，允许设置的限电压是 45 V(两值相加)；选择 CH1 和 CH2 并联之后，允许设置的限电压是 20 V(两值中的较小值)。

IT6302 的主要技术参数如附表 1.2.4 所示。

附表 1.2.4　IT6302 的主要技术参数

变量		参数
额定值 (0～40 ℃)	电压	0～30 V×2，0～5 V×1
	电流	0～3 A×2，0～3 A×1
	功率	CH1：90 W；CH2：90 W；CH3：15 W
负载调节率 ±(% of Output+Offset)	电压	≤0.01%+4 mV
	电流	≤0.2%+3 mA
电源调节率 ±(% of Output+Offset)	电压	≤0.01%+4 mV
	电流	≤0.2%+3 mA
设定值分辨率	电压	10 mV
	电流	1 mA
回读值分辨率	电压	10 mV
	电流	1 mA
设定值精确度 (12 个月内，25 ℃±5 ℃) ±(% of Output+Offset)	电压	≤0.06%+20 mV
	电流	≤0.2%+10 mA
回读值精确度 (12 个月内，25 ℃±5 ℃) ±(% of Output+Offset)	电压	≤0.06%+20 mV
	电流	≤0.2%+10 mA
纹波 (20 Hz～20 MHz)	电压	≤0.5 mV_{pp} and 1 mV_{rms}
	电流	≤6 mA_{rms}
设定值温漂系数 (% of Output/℃+Offset)	电压	300 ppm/℃
	电流	300 ppm/℃
回读值温漂系数 (% of Output/℃+Offset)	电压	300 ppm/℃
	电流	300 ppm/℃
上升时间	电压	CH1≤150 ms，CH2≤150 ms，CH3≤150 ms
下降时间	电压	CH1≤2.5 s，CH2≤2.5 s，CH3≤200 ms
动态响应时间	≤200 μs(典型值)	
	测试条件：50%～100%　Freq=1 kHz　恢复到 75 mV	

续表

<table>
<tr><th>变量</th><th colspan="2">参数</th></tr>
<tr><td rowspan="3">交流输入</td><td>电压 1</td><td>110 V±10%</td></tr>
<tr><td>电压 2</td><td>220 V±10%</td></tr>
<tr><td>频率</td><td>47～63 Hz</td></tr>
<tr><td rowspan="2">设定值稳定度－8 h
(% of Output＋Offset)</td><td>电压</td><td>≤0.01%＋10 mV</td></tr>
<tr><td>电流</td><td>≤0.1%＋5 mA</td></tr>
<tr><td rowspan="2">回读值稳定度－8 h
(% of Output＋Offset)</td><td>电压</td><td>≤0.01%＋20 mV</td></tr>
<tr><td>电流</td><td>≤0.1%＋5 mA</td></tr>
<tr><td>保险丝规格</td><td colspan="2">6.3 A(110 V)/3.15 A(220 V)</td></tr>
<tr><td>程序设计响应时间</td><td colspan="2">20 ms(典型值)</td></tr>
<tr><td>功率因数</td><td colspan="2">0.7(典型值)</td></tr>
<tr><td>最大输入电流</td><td colspan="2">4.5 A(110 V)/2.2 A(220 V)</td></tr>
<tr><td>最大输入视在功率</td><td colspan="2">700 V·A</td></tr>
<tr><td>存储温度</td><td colspan="2">－10～70 ℃</td></tr>
<tr><td>保护功能</td><td colspan="2">LVP/OTP</td></tr>
<tr><td>通信接口</td><td colspan="2">COM(TTL)</td></tr>
<tr><td>耐压(输出对大地)</td><td colspan="2">200 V</td></tr>
<tr><td>工作温度</td><td colspan="2">0～40 ℃</td></tr>
<tr><td>尺寸</td><td colspan="2">214.5 mm(W)×88.2 mm(H)×354.6 mm(D)</td></tr>
<tr><td>重量(净重)</td><td colspan="2">7.1 kg</td></tr>
</table>

1.3 DG1000Z 系列函数/任意波形信号发生器

一、概述

DG1000Z 系列函数/任意波形信号发生器是一款集函数发生器、任意波形发生器、噪声发生器、脉冲发生器、谐波发生器、模拟/数字调制器、频率计等功能于一体的多功能信号发生器。其具有多功能、高性能、高性价比、便携、触摸屏操作等特点，为教育、研发、生产、测试等行业提供了新的选择。

DG1000Z 系列函数/任意波形信号发生器的主要特色如下：

(1) 最高输出频率(正弦波)：25 MHz、30 MHz 和 60 MHz。

(2) 独创的 SiFi(Signal Fidelity，信号保真度)技术：逐点生成任意波形，不失真地还原信号，采样率精确可调，所有输出波形(包括方波、脉冲等)抖动低至 200 ps。

(3) 每通道任意波存储深度：2M 点(标配)、8M 点(标配)、16M 点(选配)。

(4) 标配等性能双通道，相当于两个独立信号源。

(5) ±1 ppm 高频率稳定度,相噪低至−125 dBc/Hz。

(6) 内置最高8次谐波发生器。

(7) 内置7 digits/s、200 MHz带宽的全功能频率计。

(8) 多达160种内建任意波形,包括工程应用、医疗电子、汽车电子、数学处理等各个领域的常用信号。

(9) 采样率高达200 MSa/s,垂直分辨率为14 bits。

(10) 强大的任意波形编辑功能,也可通过上位机软件生成任意波形。

(11) 多种模拟和数字调制功能:AM、FM、PM、ASK、FSK、PSK和PWM。

(12) 标配波形叠加功能,可以在基本波形的基础上叠加指定波形后输出。

(13) 标配通道跟踪功能,跟踪打开时,双通道所有参数均可同时根据用户的配置更新。

(14) 标配接口:USB HOST & DEVICE、LAN(LXI Core 2011 Device);支持USB-GPIB功能。

(15) 3.5英寸(320像素×240像素)彩色显示屏。

(16) 便携式设计,质量仅3.5 kg。

二、前面板(附图1.3.1)

1—电源键

用于开启或关闭信号发生器。

2—USB Host

支持FAT32格式Flash型U盘、RIGOL TMC数字示波器、功率放大器和USB-GPIB模块。

U盘:读取U盘中的波形文件或状态文件,将当前的仪器状态或编辑的波形数据存储到U盘中,也可以将当前屏幕显示的内容以图片格式(*.bmp)保存到U盘。

TMC数字示波器:与符合TMC标准的RIGOL示波器进行无缝互连,读取并存储示波器中采集到的波形,再无损地重现出来。

功率放大器(选件):支持RIGOL功率放大器(如PA1011),对其进行在线配置,将信号功率放大后输出。

USB-GPIB模块(选件):为集成了USB Host接口但未集成GPIB接口的RIGOL仪器扩展出GPIB接口。

3—菜单翻页键

打开当前菜单的下一页或返回第一页。

4—返回上一级菜单

退出当前菜单,并返回上一级菜单。

5—CH1输出连接器

BNC连接器,标称输出阻抗为50 Ω。

当Output1打开时(背灯变亮),该连接器以CH1当前配置输出波形。

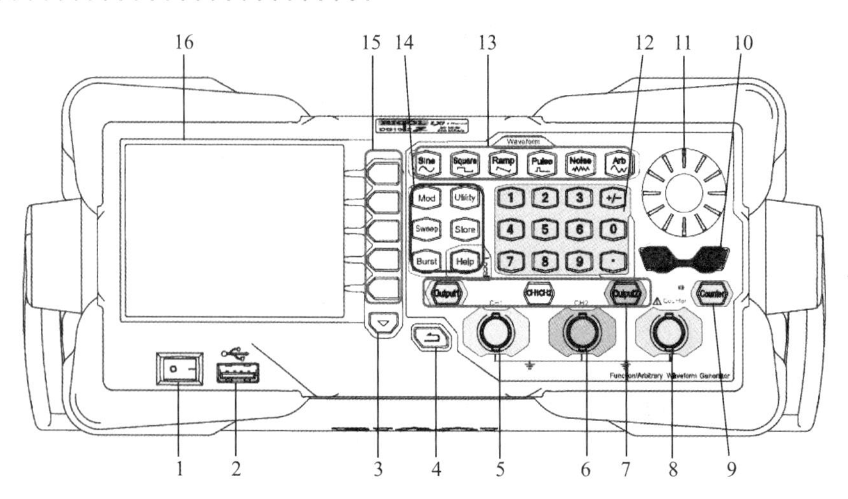

附图 1.3.1　DG1000Z 前面板

6—CH2 输出连接器

BNC 连接器，标称输出阻抗为 50 Ω。

当 Output2 打开时（背灯变亮），该连接器以 CH2 当前配置输出波形。

7—通道控制区

Output1 用于控制 CH1 的输出。

按下该键，背灯变亮，打开 CH1 输出。此时，CH1 连接器以当前配置输出信号。再次按下该键，背灯熄灭，此时，关闭 CH1 输出。

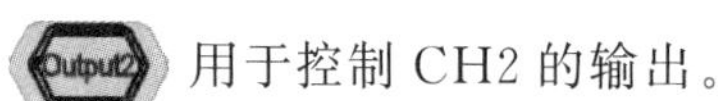

用于控制 CH2 的输出。

按下该键，背灯变亮，打开 CH2 输出。此时，CH2 连接器以当前配置输出信号。再次按下该键，背灯熄灭，此时，关闭 CH2 输出。

8—Counter 测量信号输入连接器

BNC 连接器，输入阻抗为 1 MΩ。用于接收频率计测量的被测信号。

9—频率计

用于开启或关闭频率计功能。

按下该键，背灯变亮，左侧指示灯闪烁，频率计功能开启。再次按下该键，背灯熄灭，此时，频率计功能关闭。

注意：当 Counter 打开时，CH2 的同步信号将被关闭；关闭 Counter 后，CH2 的同步信号将被恢复。

10—方向键

使用旋钮设置参数时，用于移动光标以选择需要编辑的位。

使用键盘输入参数时，用于删除光标左边的数字。

存储或读取文件时，用于展开或收起当前选中的目录。

编辑文件名时，用于移动光标以选择文件名输入区中指定的字符。

11—旋钮

使用旋钮设置参数时，用于增大（顺时针）或减小（逆时针）当前光标处的数值。

存储或读取文件时，用于选择文件保存的位置或选择需要读取的文件。

编辑文件名时，用于选择虚拟键盘中的字符。

在"Arb"→"选择波形"→"内建波形"中，用于选择所需的内建任意波。

12—数字键盘

数字键盘包括数字键(0至9)、小数点(.)和符号键(+/-)，用于设置参数。

13—波形键

提供频率从1 μHz至60 MHz的正弦波输出。

选中该功能时，按键背灯变亮。可以设置正弦波的频率/周期、幅度/高电平、偏移/低电平和起始相位。

提供频率从1 μHz至25 MHz并具有可变占空比的方波输出。

选中该功能时，按键背灯变亮。可以设置方波的频率/周期、幅度/高电平、偏移/低电平、占空比和起始相位。

提供频率从1 μHz至1 MHz并具有可变对称性的锯齿波输出。

选中该功能时，按键背灯变亮。可以设置锯齿波的频率/周期、幅度/高电平、偏移/低电平、对称性和起始相位。

提供频率从1 μHz至25 MHz并具有可变脉冲宽度和边沿时间的脉冲波输出。

选中该功能时，按键背灯变亮。可以设置脉冲波的频率/周期、幅度/高电平、偏移/低电平、脉宽/占空比、上升沿、下降沿和起始相位。

提供带宽为60 MHz的高斯噪声输出。

选中该功能时，按键背灯变亮。可以设置噪声的幅度/高电平和偏移/低电平。

提供频率从1 μHz至20 MHz的任意波输出。

支持采样率和频率两种输出模式。有多达160种内建波形，并提供强大的波形编辑功能。选中该功能时，按键背灯变亮。可设置任意波的频率/周期、幅度/高电平、偏移/低电平和起始相位。

14—功能键

可输出多种已调制的波形。

提供多种调制方式：AM、FM、PM、ASK、FSK、PSK和PWM。支持内部和外部调制源。选中该功能时，按键背灯变亮。

可产生正弦波、方波、锯齿波和任意波(直流除外)的Sweep波形。

支持线性、对数和步进3种Sweep方式。支持内部、外部和手动3种触发源。提供频率标记功能，用于控制同步信号的状态。选中该功能时，按键背灯变亮。

可产生正弦波、方波、锯齿波、脉冲波和任意波(直流除外)的Burst波形。

支持N循环、无限和门控3种Burst模式。噪声也可用于产生门控Burst。支持内部、外部和手动3种触发源。选中该功能时，按键背灯变亮。

用于设置辅助功能参数和系统参数。选中该功能时，按键背灯变亮。

Store 可存储、调用仪器状态或用户编辑的任意波数据。

内置一个非易失性存储器(C盘)，并可外接一个U盘(D盘)。选中该功能时，按键背灯变亮。

用于获取任何前面板按键或菜单键的帮助信息。按下该键后，再按下所需要获得帮助的按键。

该键可用于锁定或解锁键盘。长按“Help”键，可锁定前面板按键。此时，除“Help”键外，前面板的其他按键不可用。再次长按“Help”键，可解除锁定。

15—菜单键

与其左侧显示的菜单一一对应，按下该键激活相应的菜单。

16—LCD显示屏

3.5英寸TFT(320像素×240像素)彩色液晶显示屏，显示当前功能的菜单和参数设置、系统状态以及提示消息等内容。

三、使用说明

1. 输出基本波形。

DG1000Z系列函数/任意波形信号发生器可从单通道或同时从双通道输出基本波形(包括正弦波、方波、锯齿波、脉冲和噪声)。开机时，双通道默认配置是频率为1 kHz、幅度为5 V_{pp}的正弦波。

2. 选择输出通道。

前面板中“CH1|CH2”键用于切换CH1或CH2为当前选中通道。开机时，仪器默认选中CH1，用户界面中CH1对应的区域高亮显示，且通道状态栏的边框显示为黄色。此时，按下前面板“CH1|CH2”键可选中CH2，用户界面中CH2对应的区域高亮显示，且通道状态栏的边框显示为蓝色。选中所需的输出通道后，可以配置所选通道的波形和参数。

CH1与CH2不可同时被选中，可以首先选中CH1，完成波形和参数的配置后，再选中CH2进行配置。

3. 选择基本波形。

DG1000Z可输出5种基本波形，包括正弦波、方波、锯齿波、脉冲和噪声。前面板提供5个功能按键用于选择相应的波形。按下相应的按键即可选中所需波形，此时，按键背灯点亮，用户界面右侧显示相应的功能名称及参数设置菜单(附表1.3.1)。开机时，仪器默认选中正弦波。

附表 1.3.1 基本波形

基本波形		正弦波	方波	锯齿波	脉冲	噪声
功能按键		Sine	Square	Ramp	Pulse	Noise
功能名称		Sine	Squ	Ramp	Pulse	Noise
参数	频率/周期	✓	✓	✓	✓	
	幅度/高电平	✓	✓	✓	✓	✓
	偏移/低电平	✓	✓	✓	✓	✓
	起始相位	✓	✓	✓	✓	
	同相位	✓	✓	✓	✓	
	占空比		✓			
	对称性			✓		
	脉宽/占空比				✓	
	上升沿				✓	
	下降沿				✓	

4. 设置频率/周期。

频率是基本波形最重要的参数之一。基于不同的型号和不同的波形，频率的可设置范围不同，默认值为 1 kHz。

屏幕上显示的频率为默认值或之前设置的频率。当仪器功能改变时，若该频率在新功能下有效，则仪器依然使用该频率；若该频率在新功能下无效，则仪器弹出提示消息，并自动将频率设置为新功能的频率上限值。

按"频率/周期"软键使"频率"突出显示。此时，使用数字键盘输入所需频率的数值，然后在弹出的菜单中选择所需的单位。可选的频率单位有 MHz、kHz、Hz、mHz 和 μHz。再次按下此软键将切换至周期设置，此时"周期"突出显示。可选的周期单位有 sec、msec、μsec 和 nsec。

也可以使用方向键和旋钮设置参数的数值，使用方向键移动光标，选择需要编辑的位，然后旋转旋钮修改数值。

5. 设置幅度/高电平。

幅度的可设置范围受"阻抗"和"频率/周期"设置的限制，默认值为 5 V_{pp}。

屏幕上显示的幅度为默认值或之前设置的幅度。当仪器配置改变时（如频率），若该幅度有效，则仪器依然使用该幅度。若该幅度无效，则仪器弹出提示消息，并自动将幅度设置为新配置的幅度上限值。也可以使用"高电平"或"低电平"设置幅度。

按"幅度/高电平"软键使"幅度"突出显示。此时，使用数字键盘输入所需幅度的数值，然后在弹出的菜单中选择所需的单位。可选的幅度单位有 V_{pp}、mV_{pp}、V_{rms}、mV_{rms} 和 dBm（高阻时无效）。再次按下此软键将切换至高电平设置，此时"高电平"突出显示。可选的高电平单位有 V 和 mV。

也可以使用方向键和旋钮设置参数的数值，使用方向键移动光标，选择需要编辑的位，然后旋转旋钮修改数值。

（1）如何将以 V_{pp} 为单位的幅度转换为以 V_{rms} 为单位对应的值？

方法：V_{pp} 是表示信号峰峰值的单位，V_{rms} 是表示信号有效值的单位。仪器默认使用 V_{pp}。按数字键盘中的 [·] 键可快速切换当前幅度的单位。

说明：对于不同的波形，V_{pp} 与 V_{rms} 之间的关系不同。以正弦波为例，二者之间的关系如附图 1.3.2 所示。

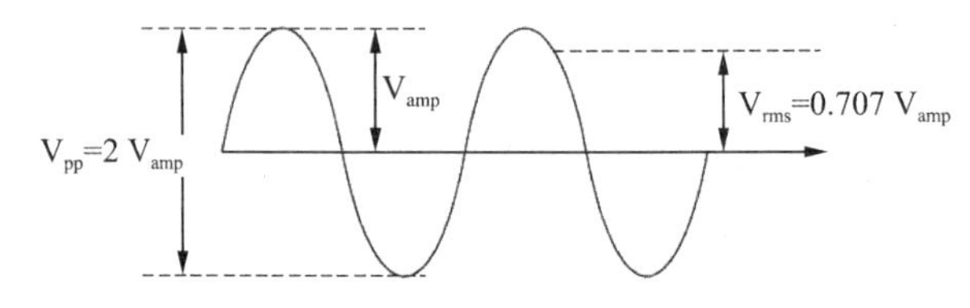

附图 1.3.2　**正弦波** V_{pp} **与** V_{rms} **转换**

根据上图，可以推导出 V_{pp} 与 V_{rms} 之间的换算关系满足如下关系式：

$$V_{pp}=2\sqrt{2}\ V_{rms}$$

例如，当前幅度为 5 V_{pp}，按数字键盘中的 [·] 键，选择 V_{rms} 即可转换成以 V_{rms} 为单位对应的值，则对于正弦波，转换后的值为 1.768 V_{rms}。

（2）如何以 dBm 为单位设置波形的幅度？

方法：

① 按“CH1|CH2”键选择所需通道。

② 按“Utility”→“通道设置”→“输出设置”→“阻抗”，选择“负载”并使用数字键盘设置合适的负载值。

③ 选择所需的波形，按“幅度/高电平”使“幅度”突出显示，通过数字键盘输入所需的数值，在弹出的菜单中选择单位 dBm 即可。

说明：

dBm 是表示信号功率绝对值的单位，dBm 与 V_{rms} 之间满足如下关系式：

$$\text{dBm}=10\lg\left(\frac{V_{rms}^2}{R}\times\frac{1}{0.001\ \text{W}}\right)$$

其中，R 表示通道的输出阻抗值，必须为确定的数值。因此，输出阻抗为高阻时，不可使用单位 dBm。

例如，当前输出阻抗为 50 Ω，幅度为 1.768 V_{rms}（即 5 V_{pp}）时，按数字键盘中的 [·] 键选择 dBm 可将幅度转换为以 dBm 为单位对应的值 17.960 1 dBm。

6. 设置偏移/低电平。

直流偏移电压的可设置范围受“阻抗”和“幅度/高电平”设置的限制，默认值为 0 V_{DC}。

屏幕上显示的 DC 偏移电压为默认值或之前设置的偏移。当仪器配置改变时（如阻抗），若该偏移有效，则仪器依然使用该偏移。若该偏移无效，则仪器弹出提示消息，并自动将偏移设置为新配置的偏移上限值。

按“偏移/低电平”软键使“偏移”突出显示。此时，使用数字键盘输入所需偏移的数值，然后在弹出的菜单中选择所需的单位。可选的直流偏移电压单位有 V_{DC} 和 mV_{DC}。再次按下此软键将切换至低电平设置，此时“低电平”突出显示。低电平应至少比高电平小 1 mV（输出阻抗为 50 Ω）。可选的低电平单位有 V 和 mV。

也可以使用方向键和旋钮设置参数的数值，使用方向键移动光标，选择需要编辑的位，然后旋转旋钮修改数值。

7. 设置起始相位。

起始相位的可设置范围为 0°～360°，默认值为 0°。

屏幕上显示的起始相位为默认值或之前设置的相位。改变仪器功能时，新功能依然使用该相位。

按“起始相位”软键使其突出显示。此时，使用数字键盘输入所需起始相位的数值，然后在弹出的单位菜单中选择单位“°”。

也可以使用方向键和旋钮设置参数的数值，使用方向键移动光标，选择需要编辑的位，然后旋转旋钮修改数值。

8. 同相位。

DG1000Z 系列双通道函数/任意波形信号发生器提供同相位功能。按下“同相位”键后，仪器将重新配置两个通道，使其按照设定的频率和相位输出。

对于同频率或频率成倍数关系的两个信号，通过该操作可以使其相位对齐。假定 CH1 输出 1 kHz、5 V_{pp}、0°的正弦波，CH2 输出 1 kHz、5 V_{pp}、180°的正弦波，用示波器采集两个通道的波形，并使其稳定显示，可以发现示波器上显示的两个波形相位差不再是 180°（附图 1.3.3）。此时，按下信号发生器的“同相位”软键，示波器中的波形将以 180°相位差显示（附图 1.3.4），而不需人为调整信号源中的初始相位。

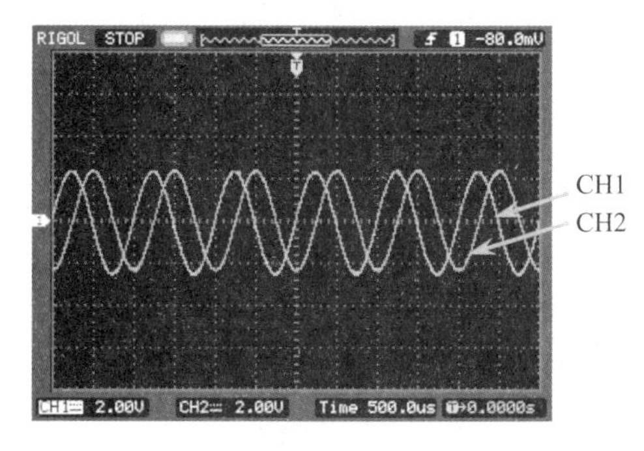

附图 1.3.3 同相位前

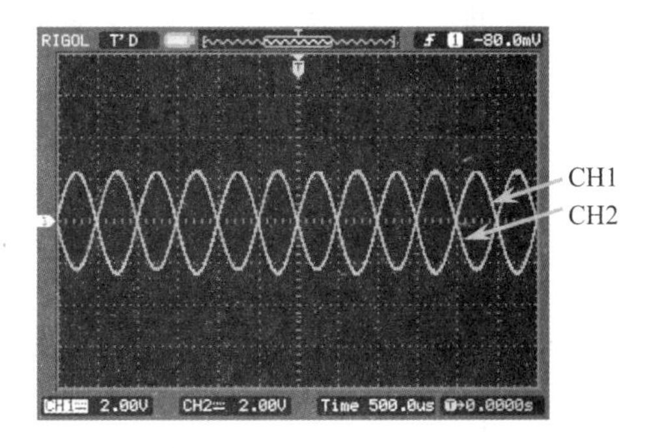

附图 1.3.4 同相位后

两个通道中任一通道处于调制模式时，“同相位”菜单变为灰色，表示禁用。

9. 设置占空比(Square)。

占空比的定义是方波波形高电平持续的时间所占周期的百分比，如附图 1.3.5 所示。该参数仅在选中方波时有效。

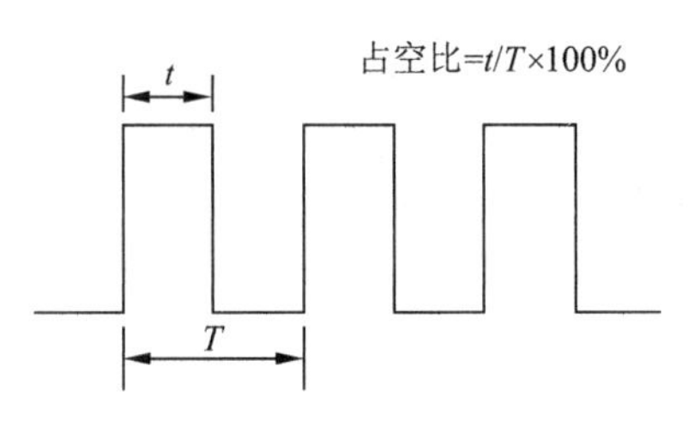

附图 1.3.5 **方波占空比**

占空比的可设置范围受“频率/周期”设置的限制，默认值为 50%。

按“占空比”软键使其突出显示。此时，使用数字键盘输入所需占空比的数值，然后在弹出的菜单中选择“%”。

也可以使用方向键和旋钮设置参数的数值，使用方向键移动光标，选择需要编辑的位，然后旋转旋钮修改数值。

10. 设置对称性(Ramp)。

对称性的定义是锯齿波波形处于上升期的时间所占周期的百分比，如附图 1.3.6 所示。该参数仅在选中锯齿波时有效。

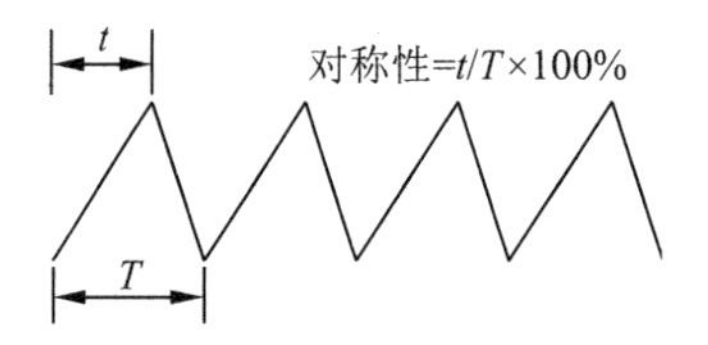

附图 1.3.6 **锯齿波对称性**

对称性的可设置范围为 0%～100%，默认值为 50%。

按“对称性”软键使其突出显示。此时，使用数字键盘输入所需对称性的数值，然后在弹出的菜单中选择“%”。

也可以使用方向键和旋钮设置参数的数值，使用方向键移动光标，选择需要编辑的位，然后旋转旋钮修改数值。

11. 启用通道输出。

完成已选波形的参数设置之后，需要开启通道以输出波形。在开启通道之前，还可以使用“Utility”功能键下的“通道设置”菜单设置与该通道输出相关的参数，如阻抗、极性等。按下前面板上的“Output1”键，按键背灯变亮，仪器从前面板相应的输出连接器输出已配置的波形。

四、实例：输出正弦波

下面介绍如何从 CH1 连接器输出一个正弦波（频率为 20 kHz，幅度为 2.5 V_{pp}，偏移量为 500 mV_{DC}，起始相位为 90°）。

(1) 选择输出通道：按通道选择键“CH1|CH2”选中 CH1。此时通道状态栏边框以黄色标识。

(2) 选择正弦波：按“Sine”软键选择正弦波，背灯变亮，表示功能被选中，屏幕右方出现该功能对应的菜单。

（3）设置频率：按“频率/周期”软键使“频率”突出显示，通过数字键盘输入 20，在弹出的菜单中选择单位“kHz”。

（4）设置幅度：按“幅度/高电平”软键使“幅度”突出显示，通过数字键盘输入 2.5，在弹出的菜单中选择单位“V_{pp}”。

（5）设置偏移电压：按“偏移/低电平”软键使“偏移”突出显示，通过数字键盘输入 500，在弹出的菜单中选择单位“mV_{DC}”。

（6）设置起始相位：按“起始相位”软键，通过数字键盘输入 90，在弹出的菜单中选择单位“°”。起始相位值范围为 0°～360°。

（7）启用通道输出：按“Output1”键，背灯变亮，CH1 连接器以当前配置输出正弦波信号。

（8）观察输出波形：使用 BNC 连接线将 DG1000Z 的 CH1 与示波器相连接，附图 1.3.7 所示为示波器观察到的波形。

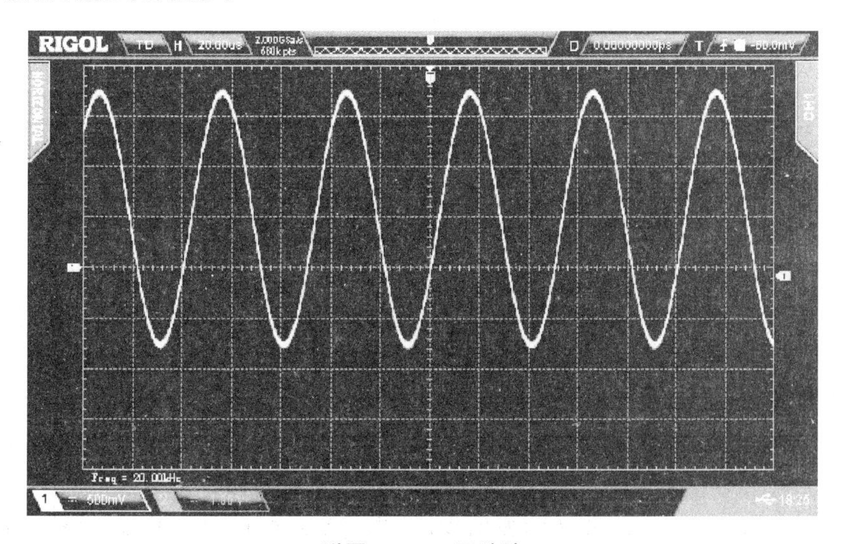

附图 1.3.7　正弦波

五、内建波形

DG1000Z 内置 160 多种任意波形，如附表 1.3.2 所示。按“Arb”→“选择波形”→“内建波形”，进入内建波形选择界面，如附图 1.3.8 所示。按“工程”、“医疗电子”、“汽车电子”或“数学”菜单键选择相应的类别（每个类别均包含一个或多个子类别），重复按相应的菜单键切换至所需的子类别（子类别栏中，选中的子类别高亮显示），旋转旋钮选择所需的波形（选中的波形高亮显示），按“选择”键即可。

附表 1.3.2　工程类内建波形

子类别	波形	说明	子类别	波形	说明
常用	Sinc	Sinc 函数	滤波器	Butterworth	巴特沃斯滤波器
	Lorentz	洛伦兹函数		Chebyshev1	Ⅰ型切比雪夫滤波器
	Log	以 10 为底的对数函数		Chebyshev2	Ⅱ型切比雪夫滤波器
	GaussPulse	高斯脉冲	信号	TV	电视信号
	NegRamp	倒三角		Voice	语音信号
	NPulse	负脉冲		Surge	浪涌信号
	PPulse	正脉冲		Radar	雷达信号
	SineTra	Sine-Tra 波形		DualTone	双音频信号
	SineVer	Sine-Ver 波形		Ripple	电源纹波
	StairDn	阶梯下降		Quake	地震波
	StairUD	阶梯上升/下降		Gamma	Gamma 信号
	StairUp	阶梯上升		StepResp	阶跃响应信号
	Trapezia	梯形		BandLimited	带限信号
工程	AmpALT	增益振荡曲线		CPulse	C-Pulse 信号
	AttALT	衰减振荡曲线		CWPulse	CW 脉冲信号
	RoundHalf	半球波		GateVibr	闸门自激振荡信号
	RoundsPM	RoundsPM 波形		LFMPulse	线性调频脉冲信号
	BlaseiWave	爆破震动时间-振速曲线		MCNoise	机械施工噪声
	DampedOse	阻尼震动时间-位移曲线	调制	AM	正弦分段调幅波
	SwingOse	秋千振荡动能-时间曲线		FM	正弦分段调频波
	Discharge	镍氢电池放电曲线		PFM	脉冲分段调频波
	Pahcur	直流无刷电机电流波形		PM	正弦分段调频波
	Combin	组合函数		PWM	脉宽分段调频波
	SCR	SCR 烧结温度发布图			

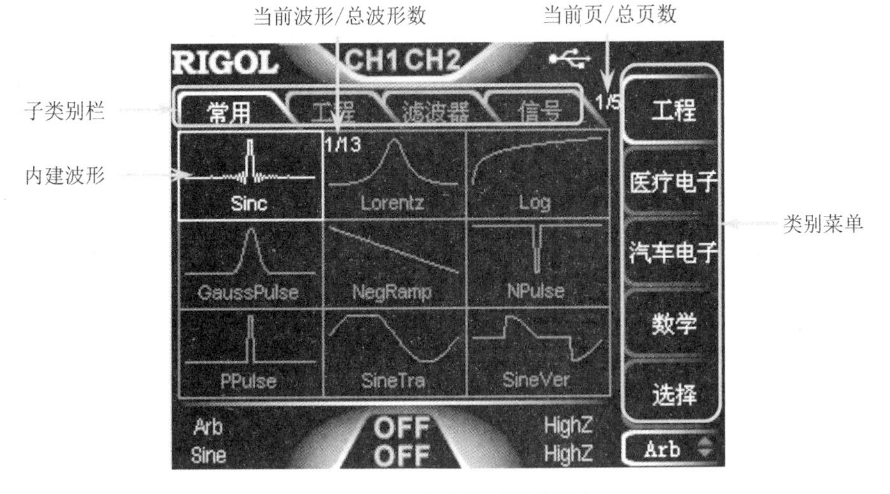

附图 1.3.8　内建波形选择界面

1.4　普源 DS1000Z/2000 系列数字存储示波器

DS1000Z/2000 系列是基于 RIGOL 独创 UltraVision 技术的多功能、高性能数字示波器，具有极高的存储深度、超宽的动态范围、良好的显示效果、优异的波形捕获率和全面的触发功能，是通信、航天、国防、嵌入式系统、计算机、研究和教育等众多行业与领域不可多得的调试仪器。其中，针对嵌入式设计和测试领域推出的混合信号数字示波器允许用户同时测量模拟信号和数字信号。

一、DS1000Z 系列示波器

1. 前面板总览。

DS1000Z 系列示波器前面板如附图 1.4.1 所示，面板操作说明如附表 1.4.1 所示，面板包括旋钮和功能按键。

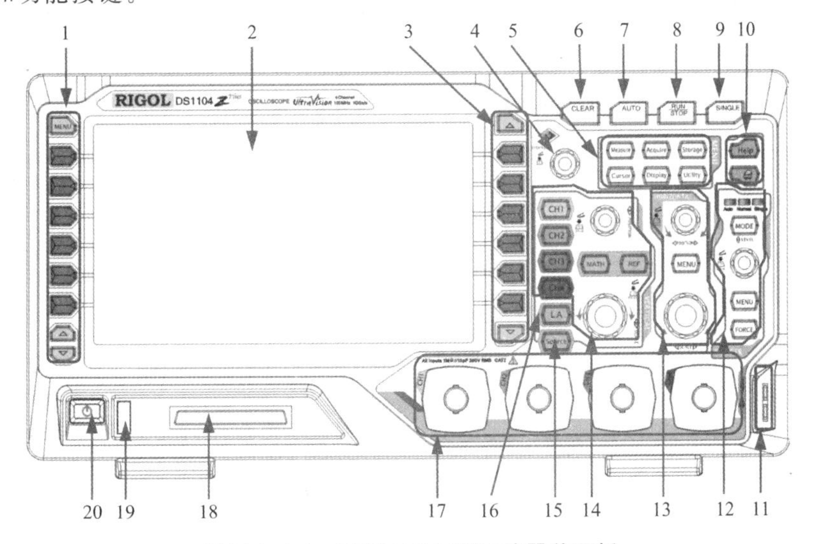

附图 1.4.1　DS1000Z 系列示波器前面板

附表 1.4.1　DS1000Z 系列示波器前面板说明

编号	说明	编号	说明
1	测量菜单操作键	11	探头补偿信号输出端/接地端
2	LCD	12	触发控制
3	功能菜单操作键	13	水平控制
4	多功能旋钮	14	垂直控制
5	常用操作键	15	信号源操作键
6	全部清除键	16	逻辑分析仪操作键
7	波形自动显示键	17	模拟通道输入
8	运行/停止控制键	18	数字通道输入
9	单次触发控制键	19	USB Host 接口
10	内置帮助/打印键	20	电源键

2. 前面板功能概述。

(1) 垂直控制(附图 1.4.2)。

CH1、CH2、CH3、CH4:模拟通道设置键。4 个通道标签用不同颜色标识,并且屏幕中的波形和通道输入连接器的颜色也与之对应。按下任一按键打开相应通道菜单,再次按下则关闭通道。

垂直 POSITION:修改当前通道波形的垂直位移。顺时针转动增大位移,逆时针转动减小位移。修改过程中波形会上下移动,同时屏幕左下角弹出的位移信息实时变化。按下该旋钮可快速将垂直位移归零。

垂直 SCALE:修改当前通道的垂直挡位。顺时针转动减小挡位,逆时针转动增大挡位。修改过程中波形显示幅度会增大或减小,同时屏幕下方的挡位信息实时变化。按下该旋钮可快速切换垂直挡位调节方式为“粗调”或“微调”。

附图 1.4.2　垂直控制

(2) 水平控制(附图 1.4.3)。

水平 POSITION:修改水平位移。转动旋钮时触发点相对屏幕中心左右移动。修改过程中,所有通道的波形左右移动,同时屏幕右上角的水平位移信息实时变化。按下该旋钮可快速复位水平位移(或延迟扫描位移)。

MENU:按下该键打开水平控制菜单。可打开或关闭延迟扫描功能,切换不同的时基模式。

水平 SCALE:修改水平时基。顺时针转动减小时基,逆时针转动增大时基。修改过程中,所有通道的波形被扩展或压缩显示,同时屏幕上方的时基信息实时变化。按下该旋钮可快速切换至延迟扫描状态。

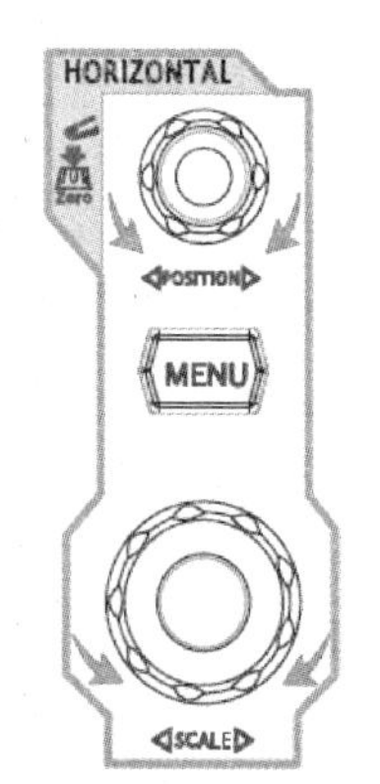

附图 1.4.3
水平控制

(3) 触发控制(附图 1.4.4)。

MODE:按下该键切换触发方式为 Auto、Normal 或 Single,当前触发方式对应的状态背光灯会变亮。

触发 LEVEL:修改触发电平。顺时针转动增大电平,逆时针转动减小电平。修改过程

中，触发电平线上下移动，同时屏幕左下角的触发电平消息框中的值实时变化。按下该旋钮可快速将触发电平恢复至零点。

MENU：按下该键打开触发操作菜单。

FORCE：按下该键将强制产生一个触发信号。

附图 1.4.4
触发控制

(4) 全部清除。

按下  CLEAR 键清除屏幕上所有的波形。如果示波器处于"RUN"状态，则继续显示新波形。

(5) 波形自动显示。

按下  AUTO 键启用波形自动设置功能。示波器将根据输入信号自动调整垂直挡位、水平时基及触发方式，使波形显示达到最佳状态。

注意：应用波形自动设置功能时，若被测信号为正弦波，要求其频率不小于 41 Hz；若被测信号为方波，则要求其占空比大于 1% 且幅度不小于 20 mV_{pp}。如果不满足此参数条件，则波形自动设置功能可能无效，且菜单显示的快速参数测量功能不可用。

(6) 运行控制。

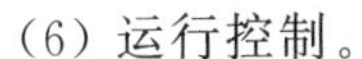

按下  RUN/STOP 键运行或停止波形采样。运行(RUN)状态下，该键黄色背光灯点亮；停止(STOP)状态下，该键红色背光灯点亮。

(7) 单次触发。

按下  SINGLE 键将示波器的触发方式设置为"Single"。单次触发方式下，按"FORCE"键立即产生一个触发信号。

(8) 多功能旋钮(附图 1.4.5)。

调节波形亮度：非菜单操作时，转动该旋钮可调整波形显示的亮度。亮度可调节范围为 0%～100%。顺时针转动增大波形亮度，逆时针转动减小波形亮度。按下旋钮将波形亮度恢复至 60%。也可按"Display"→"波形亮度"来调节波形亮度。

多功能：菜单操作时，该旋钮背光灯变亮，按下某个菜单软键后，转动该旋钮可选择该菜单下的子菜单，再按下旋钮可选中当前选择的子菜单。该旋钮还可以用于修改参数、输入文件名等。

附图 1.4.5
多功能旋钮

(9) 功能菜单(附图 1.4.6)。

Measure：按下该键进入测量设置菜单，可设置测量信源、打开或关闭频率计、全部测量、统计功能等。按下屏幕左侧的软键，可打开 37 种波形参数测量菜单，然后按下相应的菜单软键快速实现一键测量，测量结果将显示在屏幕底部。

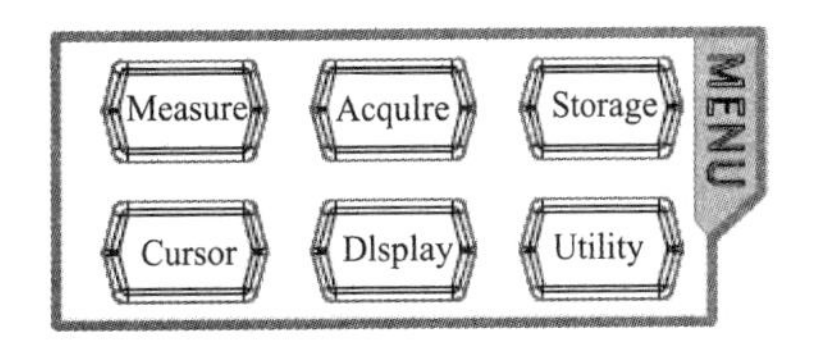

附图 1.4.6 功能菜单

Acquire：按下该键进入采样设置菜单，可设置示波器的获取方式、Sin(x)/x 和存储深度。

Storage：按下该键进入文件存储和调用界面，可存储的文件类型包括图像存储、轨迹存

储、波形存储、设置存储、CSV 存储和参数存储。支持内、外部存储和磁盘管理。

Cursor：按下该键进入光标测量菜单，示波器提供手动、追踪、自动和 X-Y 四种光标模式。其中，X-Y 模式仅在时基模式为“X-Y”时有效。

Display：按下该键进入显示设置菜单，设置波形显示类型、余辉时间、波形亮度、屏幕网格和网格亮度。

Utility：按下该键进入系统功能设置菜单，设置系统相关功能或参数，如接口、声音、语言等。此外，还支持一些高级功能，如通过/失败测试、波形录制等。

3. 用户界面。

DS1000Z 系列示波器提供 7.0 英寸 WVGA(800 像素×480 像素)TFT LCD。用户界面如附图 1.4.7 所示。

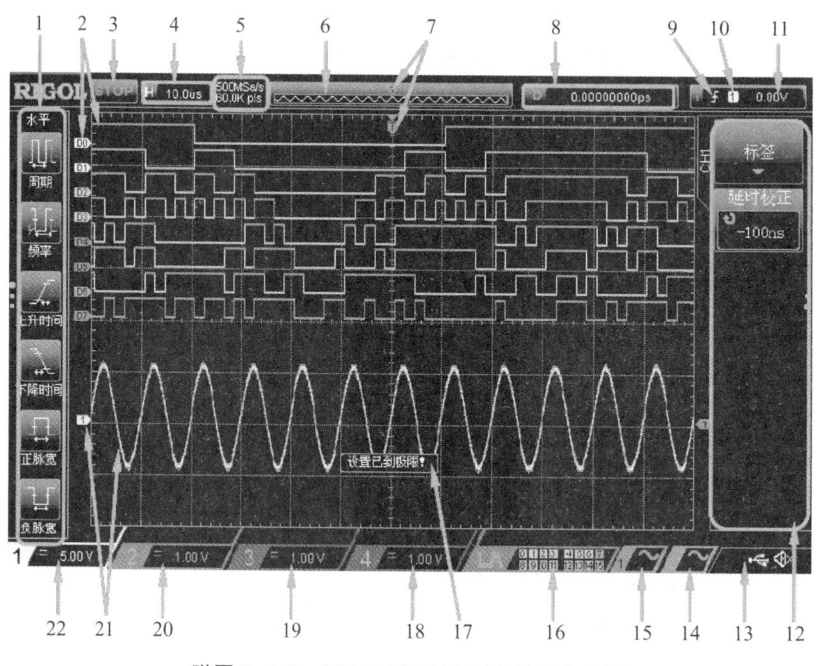

附图 1.4.7　DS1000Z 系列示波器用户界面

1—自动测量选项

DS1000Z 系列示波器提供 20 种水平(HORIZONTAL)测量参数和 17 种垂直(VERTICAL)测量参数。按下屏幕左侧的软键即可打开相应的测量项。连续按下“MENU”键，可切换水平和垂直测量参数。

2—数字通道标签/波形

数字波形的逻辑高电平显示为蓝色，逻辑低电平显示为绿色，边沿呈白色。当前选中的数字通道波形和通道标签一致，显示为红色。逻辑分析仪功能菜单中的分组设置功能可以将数字通道分为四个通道组，同一通道组的通道标签显示为同一种颜色，不同通道组用不同的颜色表示。

3—运行状态

可能的状态包括 RUN(运行)、STOP(停止)、TD(已触发)、WAIT(等待)和 AUTO(自动)。

4—水平时基

表示屏幕水平轴上每格所代表的时间长度。

使用水平"SCALE"可以修改该参数，可设置范围为5 ns～50 s。

5—采样率/存储深度

显示当前示波器使用的采样率及存储深度。

采样率和存储深度会随着水平时基的变化而变化。

6—波形存储器

提供当前屏幕中的波形在存储器中的位置示意图，如附图1.4.8所示。

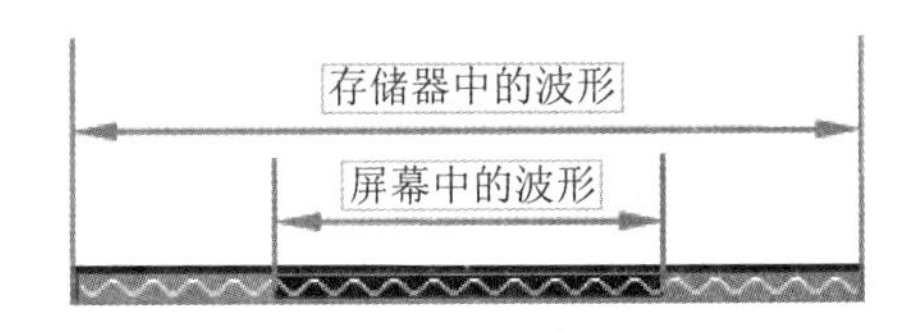

附图1.4.8 用户界面波形在存储器中的位置示意图

7—触发位置

显示波形存储器和屏幕中波形的触发位置。

8—水平位移

使用水平"POSITION"可以调节该参数。按下旋钮时参数自动设置为0。

9—触发类型

显示当前选择的触发类型及触发条件。选择不同触发类型时，显示不同的标识。

10—触发信源

显示当前选择的触发信源(CH1－CH4、AC或D0－D15)。选择不同触发信源时，显示不同的标识，并改变触发参数区的颜色。

11—触发电平

触发信源选择模拟通道时，需要设置合适的触发电平。

屏幕右侧的 T 为触发电平标记，右上角为触发电平值。

使用触发"LEVEL"修改触发电平时，触发电平值会随 T 的上下移动而改变。

12—操作菜单

按下任一软键可激活相应的菜单。

13—通知区域

显示声音图标和U盘图标。

14—源2波形

显示当前源2设置中的波形类型。

15—源1波形

显示当前源1设置中的波形类型。

16—数字通道状态区

显示16个数字通道当前的状态。当前打开的数字通道显示为绿色，当前选中的数字通道显示为红色，任何已关闭的数字通道均显示为灰色。

17—消息框

显示提示消息。

18—CH4 垂直挡位

显示屏幕垂直方向 CH4 每格波形所代表的电压大小。

按“CH4”选中 CH4 通道后,使用垂直“SCALE”可以修改该参数。

19—CH3 垂直挡位

显示屏幕垂直方向 CH3 每格波形所代表的电压大小。

按“CH3”选中 CH3 通道后,使用垂直“SCALE”可以修改该参数。

20—CH2 垂直挡位

显示屏幕垂直方向 CH2 每格波形所代表的电压大小。

按“CH2”选中 CH2 通道后,使用垂直“SCALE”可以修改该参数。

21—模拟通道标签/波形

不同通道用不同的颜色表示,通道标签和波形的颜色一致。

22—CH1 垂直挡位

显示屏幕垂直方向 CH1 每格波形所代表的电压大小。

按“CH1”选中 CH1 通道后,使用垂直“SCALE”可以修改该参数。

二、DS2000A 系列示波器

1. 前面板总览。

DS2000A 系列示波器前面板如附图 1.4.9 所示,面板操作说明如附表 1.4.2 所示,面板包括旋钮和功能按键。

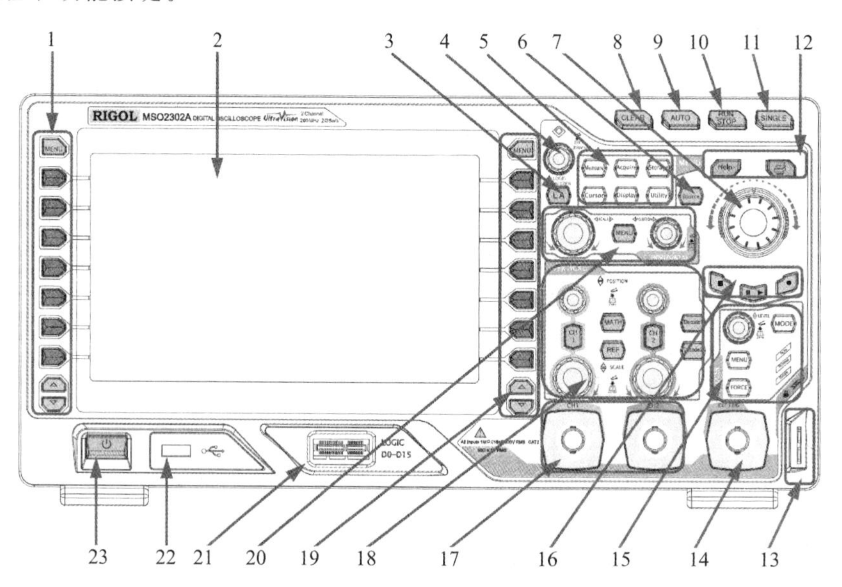

附图 1.4.9 DS2000A 系列示波器前面板

附表 1.4.2 DS2000A 系列示波器前面板说明

编号	说明	编号	说明
1	测量菜单软键	13	探头补偿信号输出端和接地端
2	LCD	14	外部触发信号输入端
3	逻辑分析仪控制键	15	触发控制区
4	多功能旋钮	16	波形录制和回放控制键
5	功能按键	17	模拟通道输入区
6	信号源	18	垂直控制区
7	导航旋钮	19	功能菜单软键
8	全部清除键	20	水平控制区
9	波形自动显示键	21	数字通道输入接口
10	运行/停止控制键	22	USB HOST 接口
11	单次触发控制键	23	电源键
12	内置帮助/打印键		

2. 前面板功能概述。

(1) 垂直控制(附图 1.4.10)。

CH1、CH2:模拟输入通道。2 个通道用不同颜色标识,并且屏幕中的波形和通道输入连接器的颜色也与之对应。按下任一按键打开相应通道菜单,再次按下则关闭通道。

MATH:按下该键打开数学运算菜单,可进行加、减、乘、除、FFT、数字滤波、逻辑运算和高级运算。

REF:按下该键打开参考波形功能,可将实测波形和参考波形做比较。

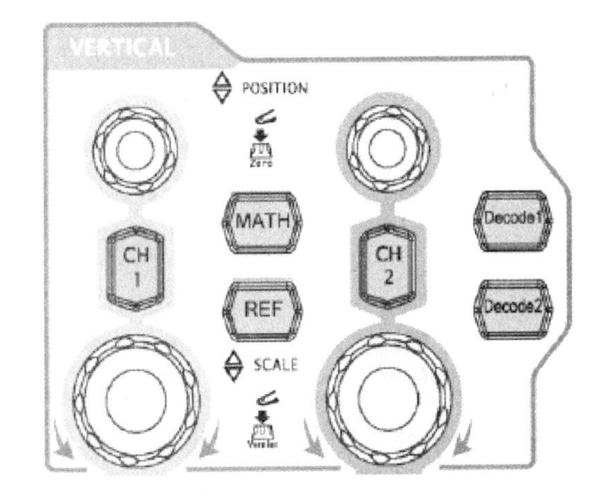

附图 1.4.10 垂直控制

垂直 POSITION:修改当前通道波形的垂直位移。顺时针转动增大位移,逆时针转动减小位移。修改过程中波形会上下移动,同时屏幕左下角弹出的位移信息实时变化。按下该旋钮可快速将垂直位移归零。

垂直 SCALE:修改当前通道的垂直挡位。顺时针转动减小挡位,逆时针转动增大挡位。修改过程中波形显示幅度会增大或减小,实际幅度保持不变,同时屏幕下方的挡位信息实时变化。按下该旋钮可快速切换垂直挡位调节方式为“粗调”或“微调”。

(2) 水平控制(附图 1.4.11)。

MENU:按下该键打开水平控制菜单。可开关延迟扫描功能,切换不同的时基模式,切换水平

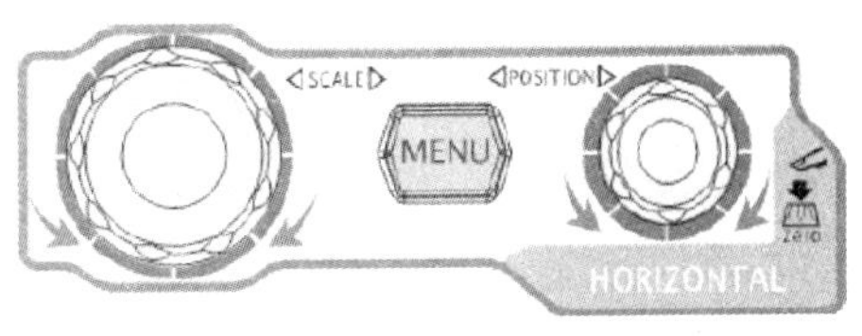

附图 1.4.11 水平控制

挡位的微调或粗调，以及修改水平参考设置。

水平 SCALE：修改水平时基。顺时针转动减小时基，逆时针转动增大时基。修改过程中，所有通道的波形被扩展或压缩显示，同时屏幕上方的时基信息实时变化。按下该旋钮可快速打开或关闭延迟扫描功能。

水平 POSITION：修改水平位移。转动旋钮时触发点相对屏幕中心左右移动。修改过程中，所有通道的波形左右移动，同时屏幕右上角的触发位移信息实时变化。按下该旋钮可快速复位触发位移(或延迟扫描位移)。

(3) 触发控制(附图 1.4.12)。

MODE：按下该键切换触发方式为 Auto、Normal 或 Single，当前触发方式对应的状态背灯会变亮。

触发 LEVEL：修改触发电平。顺时针转动增大电平，逆时针转动减小电平。修改过程中，触发电平线上下移动，同时屏幕左下角的触发电平消息框中的值实时变化。按下该旋钮可快速将触发电平恢复至零点。

MENU：按下该键打开触发操作菜单。

FORCE：在 Normal 和 Single 触发方式下，按下该键将强制产生一个触发信号。

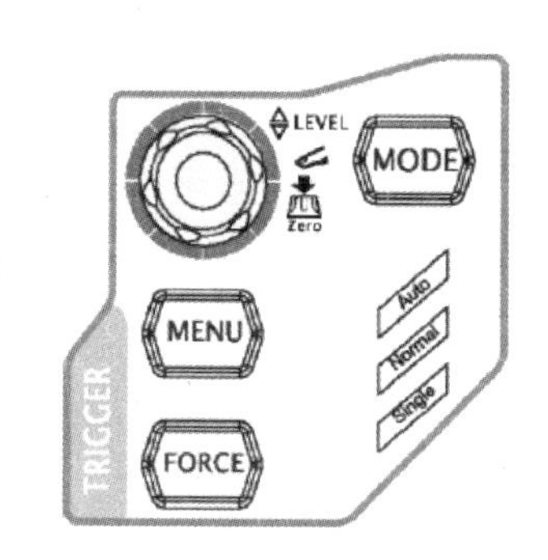

附图 1.4.12 触发控制

(4) 全部清除。

按下 CLEAR 键清除屏幕上所有的波形。如果示波器处于“运行”状态，则继续显示新波形。

(5) 运行控制。

按下 RUN/STOP 键将示波器的运行状态设置为“运行”或“停止”。“运行”状态下，该键黄色背灯点亮。“停止”状态下，该键红色背灯点亮。

(6) 单次触发。

按下 SINGLE 键将示波器的触发方式设置为“Single”，该键橙色背灯点亮。单次触发方式下，按“FORCE”键立即产生一个触发信号。

(7) 波形自动显示。

按下 AUTO 键启用波形自动设置功能。示波器将根据输入信号自动调整垂直挡位、水平时基及触发方式，使波形显示达到最佳状态。

注意：应用波形自动设置功能时要求正弦波的频率不小于 25 Hz。如果不满足此参数条件，则波形自动设置功能可能无效。

(8) 多功能旋钮(附图 1.4.13)。

调节波形亮度：非菜单操作时(菜单隐藏)，转动该旋钮可调整波形的亮度。亮度可调节范围为 0%～100%。顺时针转动增大波形亮度，逆时针转动减小波形亮度。按下旋钮将波形亮度恢复至 50%。也可按“Display”调节波形亮度。

多功能(操作时，背灯变亮)：菜单操作时，按下某个菜单软键后，转动该旋钮可选择该菜单下的子菜单，然后按下旋钮可

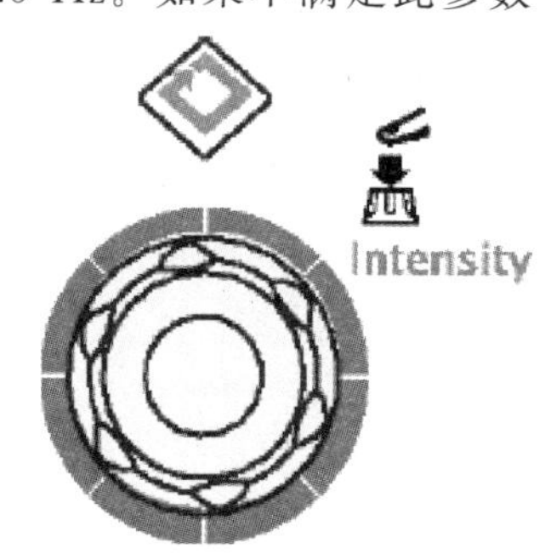

附图 1.4.13 多功能旋钮

选中当前选择的子菜单。该旋钮还可用于修改参数、输入文件名等。此外，对于MSO2000A-S型号的示波器，当设置内置信号源的参数（频率、幅度等）时，按下对应的菜单键后，按下该旋钮，将弹出数字键盘，使用该旋钮可以选择并输入所需的数值及单位。

（9）导航旋钮（附图1.4.14）。

对于某些可设置范围较大的数值参数，该旋钮提供了快速调节的功能。顺时针（逆时针）旋转增大（减小）数值；内层旋钮可微调，外层旋钮可粗调。

例如，在回放波形时，使用该旋钮可以快速定位需要回放的波形帧（当前帧菜单）。类似的参数还有触发释抑、脉宽设置、斜率时间等。

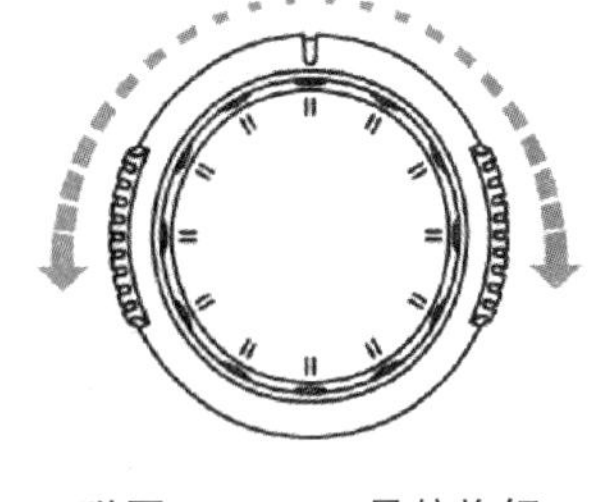

附图1.4.14 导航旋钮

（10）功能按键（附图1.4.15）。

Measure：按下该键进入测量设置菜单，可进行测量设置、全部测量、统计功能等。按下屏幕左侧的软键，可打开29种波形参数测量菜单，然后按下相应的菜单软键快速实现一键测量，测量结果将出现在屏幕底部。

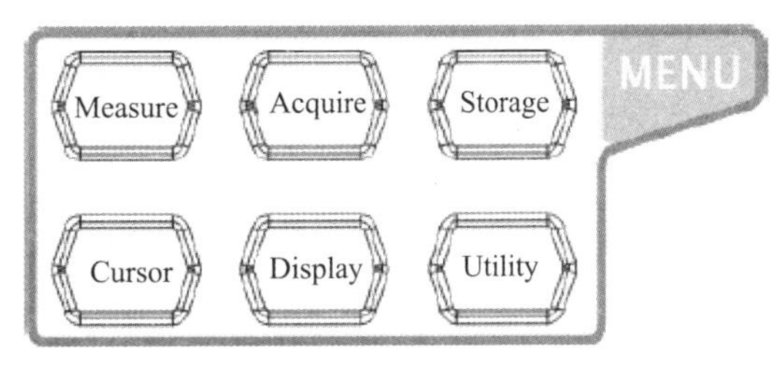

附图1.4.15 功能按键

Acquire：按下该键进入采样设置菜单，可设置示波器的获取方式、存储深度和抗混叠功能。

Storage：按下该键进入文件存储和调用界面，可存储的文件类型包括轨迹存储、波形存储、设置存储、图像存储和CSV存储，图像可存储为bmp、png、jpeg、tiff格式。同时支持内、外部存储和磁盘管理。

Cursor：按下该键进入光标测量菜单。示波器提供手动、追踪、自动测量和X-Y四种光标模式。

注意：X-Y光标模式仅在水平时基为X-Y模式时可用。

Display：按下该键进入显示设置菜单，设置波形显示类型、余辉时间、波形亮度、屏幕网格、网格亮度和菜单保持时间。

Utility：按下该键进入系统辅助功能设置菜单，设置系统相关功能或参数，如接口、声音、语言等。此外，还支持一些高级功能，如通过/失败测试、波形录制和打印设置等。

3. 用户界面。

MSO2000A/DS2000A系列数字示波器提供8.0英寸WVGA（800像素×480像素）160 000色TFT LCD，用户界面如附图1.4.16所示。该界面有超宽屏幕，可以观察到更长时间的波形。

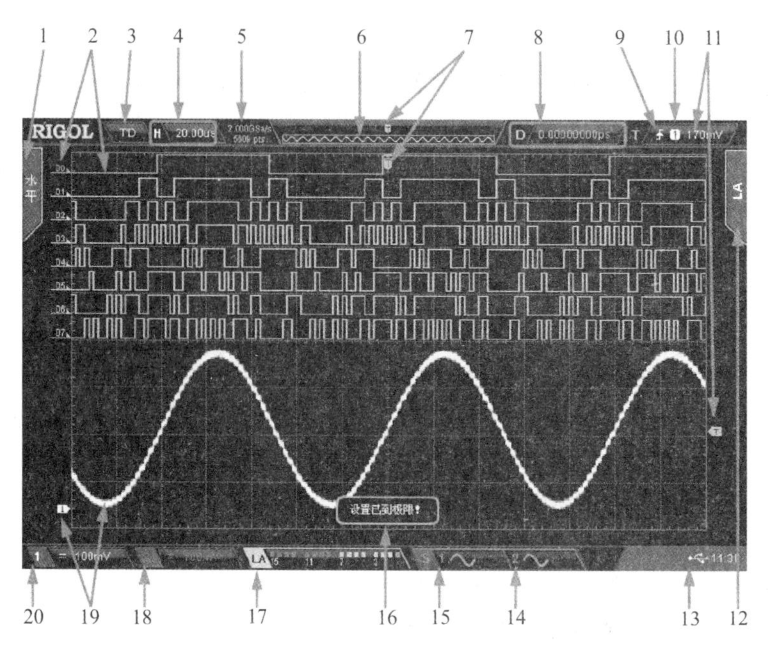

附图 1.4.16 DS2000A 系列数字示波器用户界面

1—自动测量选项

DS2000A 系列示波器提供 16 种水平(HORIZONTAL)测量参数和 13 种垂直(VERTICAL)测量参数。按下屏幕左侧的测量菜单软键即可打开相应参数的自动测量功能。连续按下"MENU"键,可切换水平和垂直测量参数。

2—数字通道标签/波形

数字波形的逻辑高电平显示为蓝色,逻辑低电平显示为绿色(与通道标签颜色一致),边沿呈白色。当前选中数字通道的标签和波形均显示为红色。

3—运行状态

可能的状态包括 RUN(运行)、STOP(停止)、TD(已触发)、WAIT(等待)和 AUTO(自动)。

4—水平时基

表示屏幕水平轴上每格所代表的时间长度。

使用水平"SCALE"可以修改该参数,可设置范围为 1.000 ns/div～1.000 ks/div(对于 200 MHz 带宽的示波器,该范围为 2.000 ns/div～1.000 ks/div;对于 100 MHz 和 70 MHz 带宽的示波器,该范围为 5.000 ns/div～1.000 ks/div)。

5—采样率/存储深度

显示示波器当前模拟通道的实时采样率和存储深度。

该参数会随着水平时基的变化而变化。

6—波形存储器

提供当前屏幕中的波形在存储器中的位置示意图。

7—触发位置

显示波形存储器和屏幕中波形的触发位置。

8—水平位移

使用水平“POSITION”可以调节该参数。按下旋钮时该参数自动设置为 0。

9—触发类型

显示当前选择的触发类型及触发条件。选择不同触发类型时，显示不同的标识。

10—触发信源

显示当前选择的触发信源（CH1、CH2、EXT、市电或 D0－D15）。选择不同触发信源时，显示不同的标识，并改变触发参数区的颜色。

11—触发电平

触发信源选择“CH1”或“CH2”时，屏幕右侧将出现触发电平标记▣，右上角为触发电平值。使用“触发 LEVEL”修改触发电平时，触发电平值会随▣的上下移动而改变。

触发信源选择“EXT”时，右上角为触发电平值，无触发电平标记。

触发信源选择市电时，无触发电平值和触发电平标记。

触发信源选择 D0 至 D15 时，右上角为触发阈值，无触发电平标记。

12—操作菜单

按下任一软键可激活相应的菜单。

13—通知区域

显示系统时间、声音图标、U 盘图标和 PictBridge 打印机图标。

14—源 2 波形

显示当前源 2 设置中的波形类型。

15—源 1 波形

显示当前源 1 设置中的波形类型。

16—消息框

显示提示消息。

17—数字通道状态区

显示 16 个数字通道当前的状态（从右至左依次为 D0 至 D15）。当前打开的数字通道显示为绿色，当前选中的数字通道显示为红色，任何已关闭的数字通道均显示为灰色。

18—CH2 垂直挡位

显示 CH2 的打开/关闭状态以及屏幕垂直方向 CH2 每格波形所代表的电压大小。

19—模拟通道标签/波形

不同通道用不同的颜色表示，通道标签和波形的颜色一致。

20—CH1 垂直挡位

显示 CH1 的打开/关闭状态以及屏幕垂直方向 CH1 每格波形所代表的电压大小。

三、示波器功能的使用说明

示波器通用的各菜单功能的操作如下：

1. 功能检查。

在首次将探头与任一输入通道连接时，进行此项调节，使探头与输入通道相配，如附图 1.4.17 所示。未经补偿或补偿偏差的探头会导致测量误差或错误。

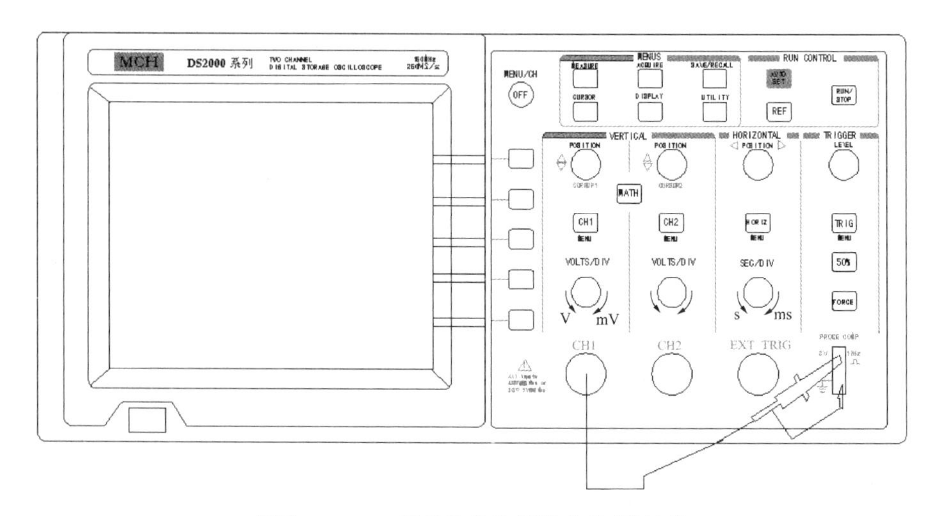

附图 1.4.17 探头补偿信号输出端/接地端

将探头菜单衰减系数设定为 10×，将探头上的开关设定为 10×，并将示波器探头与通道 1 连接，如附图 1.4.18 所示。如使用探头钩形头，应确保与探头接触紧密。将探头端部与探头补偿器的信号输出连接器相连，基准导线夹与探头补偿器的地线连接器相连，打开通道 1，然后按“AUTO”键。

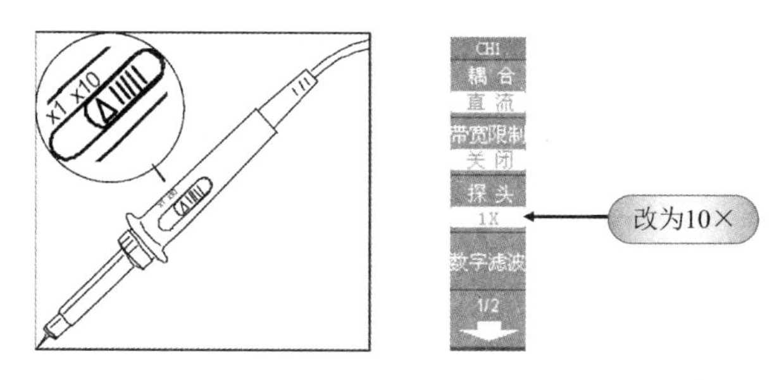

附图 1.4.18 探头表棒与示波器匹配设置

如有必要，用非金属质地的改锥调整探头上的可变电容，直到屏幕显示的波形如附图 1.4.19(b)所示。

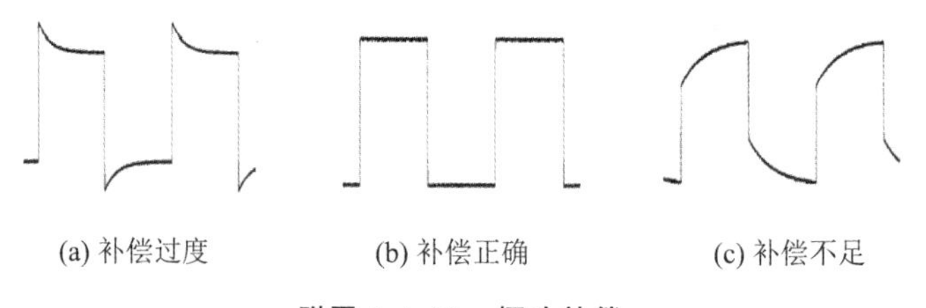

(a) 补偿过度 (b) 补偿正确 (c) 补偿不足

附图 1.4.19 探头补偿

2. 自动设置。

示波器具有自动设置功能，根据输入信号可自动调整垂直、时基、触发方式来显示合适的波形，应用自动设置时要求被测信号的频率大于或等于 50 Hz，占空比大于 1%。

(1) 将被测信号连接至通道输入端。

(2) 按下“AUTO/SET”键，波形将会自动显示，如有需要，可手工调整，以达到所需的

最佳波形。

3. 垂直系统(附图 1.4.20)。

“CH1”和“CH2”菜单将通道的操作菜单分为上下两页,共七种选择。

(1) 耦合:交流、直流、接地,左下角相应标志为∽、····、⊥。

① 交流:屏幕上显示无直流分量的波形,如观察直流电源上的纹波。

② 直流:屏幕上显示含直流分量的波形,因此可测量波形的直流电平。

③ 接地:断开输入信号。

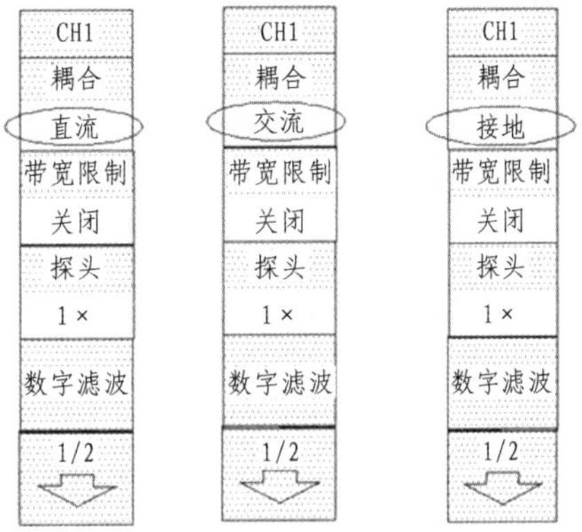

附图 1.4.20　垂直系统

(2) 带宽限制:打开时,带宽限制在 20 MHz,在观察频率较低的信号时,可抑制高频噪声,使波形清晰稳定。关闭时,被测信号的高频分量可以通过。打开时,示波器带宽限制在 20 MHz,因此大于 20 MHz 的高频分量将被隔离。

带宽限制标记:左下角显示“B”时表示带宽限制被打开。

(3) 探头(附图 1.4.21):1×、10×、100×、1 000×,根据探头衰减系数选取,以保证 Y 灵敏度的正确性。

探头衰减系数(附表 1.4.3)改变,相对的垂直挡位的标记也相应更改,如 1∶1 时垂直挡位为 1 V,则 10∶1 时垂直挡位为 10 V。

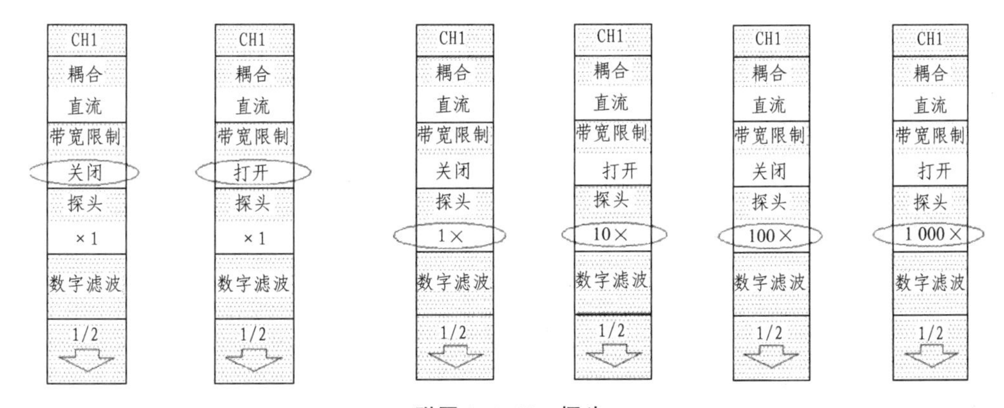

附图 1.4.21　探头

附表 1.4.3　探头衰减系数

菜单	衰减系数 (被测信号的显示幅度∶被测信号的实际幅度)
1×	1∶1
10×	10∶1
100×	100∶1
1 000×	1 000∶1

(4) 垂直挡位调节(附图 1.4.22)。

挡位调节分粗调和细调两种模式,垂直灵敏度为 2 mV/div～5 V/div,粗调是以 1-2-5 进制确定垂直挡位灵敏度,如附图 1.4.23 所示。细调是指在当前垂直挡位上进一步细微调节,以便于观察与比较波形。

垂直挡位的标记在屏幕的左下角,如粗调时为 2 mV、5 mV、10 mV、20 mV……5 V,细调时为 2.05 mV、2.10 mV、2.15 mV(在 2 mV 粗调挡位上变化)。

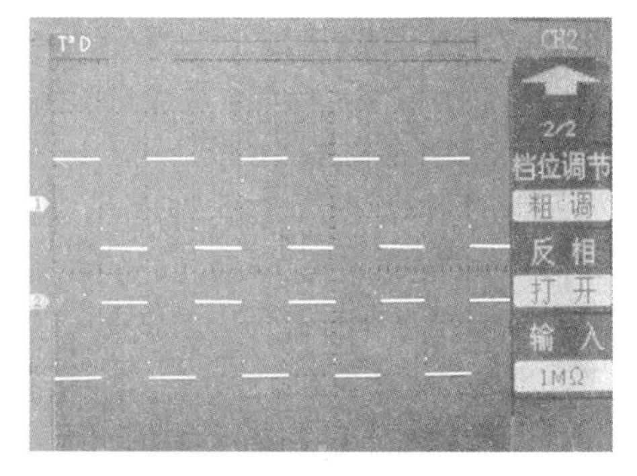

附图 1.4.22 垂直挡位调节

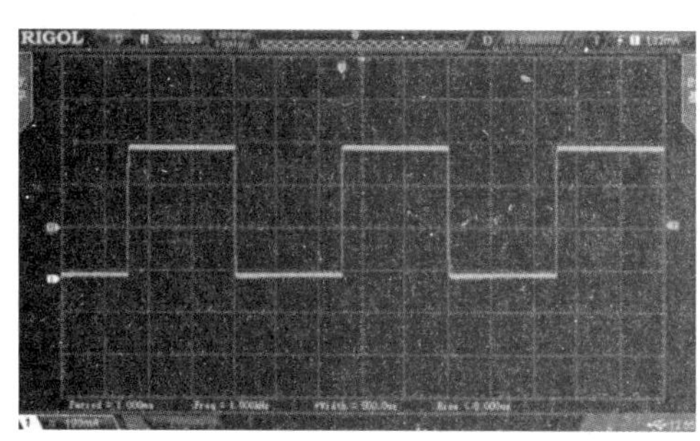

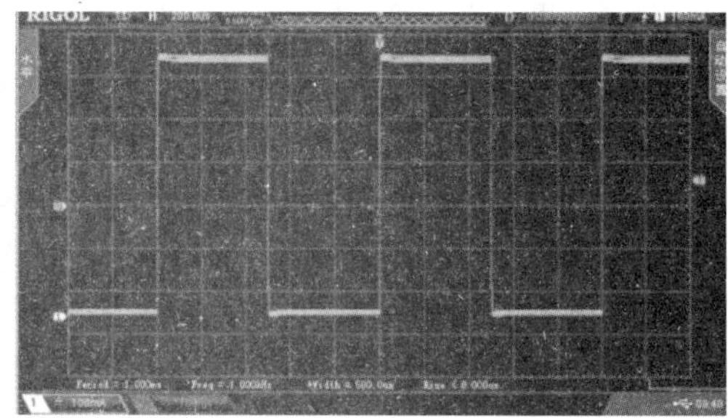

附图 1.4.23 垂直挡位调节前后对比

(5) 输入阻抗(附图 1.4.24)。

为减少示波器和待测电路相互作用引起的电路负载,示波器提供了两种输入阻抗模式:1 MΩ(默认)和 50 Ω。

1 MΩ:此时示波器的输入阻抗非常高,从被测电路流入示波器的电流可忽略不计。

50 Ω:使示波器和输出阻抗为 50 Ω 的设备匹配。

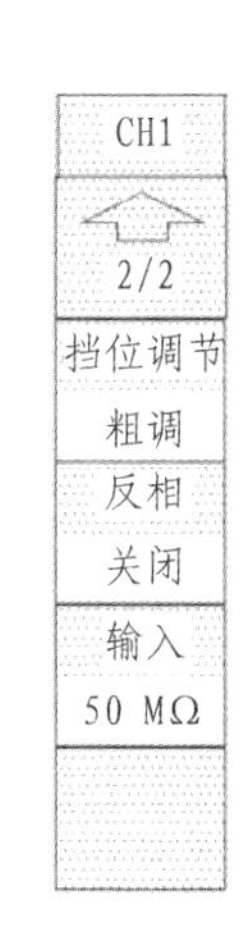

附图 1.4.24 输入阻抗

4. 水平系统。

(1) POSITION:可调节水平位置,也就是触发点在内存的相对位置;也可调节触发释抑时间(触发电路重新启动的时间间隔)。屏幕水平方向中点是波形时间参数点。

(2) SCALE:调整扫描时基"s/div(秒/格)"挡位。水平扫描速度为 2 ns/div 至 50 s/div。

(3) MENU 水平菜单。

① 延迟扫描:为了观察各图像的某细节部位,延迟扫描的时基快于主时基,故能观察波形细节。

② 触发位移:调整触发位置在内存中的水平位置。

5. 触发系统。

示波器的触发功能是为了能实时稳定地显示波形而设计的。触发是示波器采集和显示波形的定位点,在模拟示波器中只能显示触发点(满足触发条件)以后的波形。数字示波器开始波形数据采集后,一旦触发条件满足的触发点出现时,继续采集足够的数据。因此在数

字示波器中采集的数据包括触发点前后的数据，触发前的数据显示在触发点的左方，触发后的数据显示在触发点的右方，因此它可以观察触发前的信号，如研究器件损坏前工作状态或继电器触点的波形都十分方便。

实时显示是指被测波形发生变化时，示波器即刻显示出该波形的变化。不断刷新屏幕上显示波形的数据可实时显示。

稳定显示是指显示的波形没有水平方向（时间轴）移动的现象，如附图 1.4.25 所示。

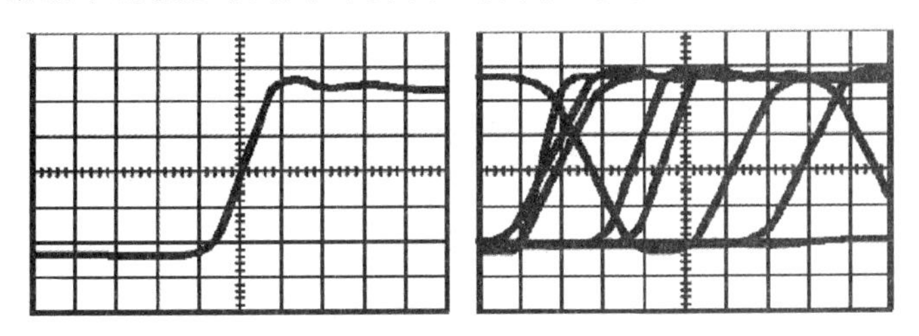

附图 1.4.25　触发稳定波形对比

实时稳定显示的条件是：所测波形是周期波形；保证采样得到的下一屏波形数据与上一屏波形的相位是相同的，如附图 1.4.26 所示。

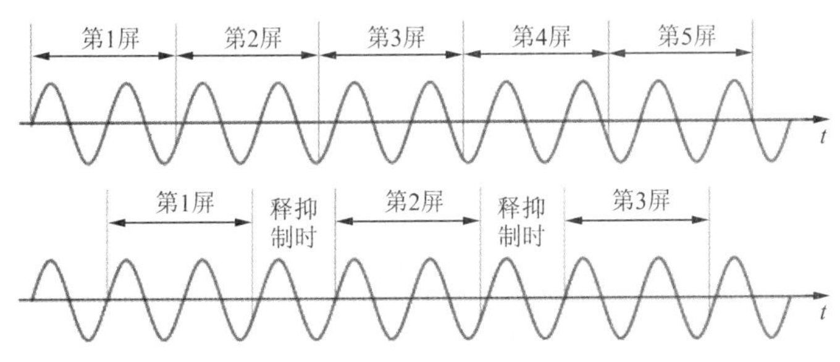

附图 1.4.26　触发实时稳定条件

采样时刻由被测波形触发，满足稳定显示的采样条件。如果采样时刻不是由被测波形触发，也能实现稳定显示。此时触发源必须是被测波形周期的整数倍。

选择被测波形的斜率、电平产生触发。两个通道的波形能同时稳定显示的条件是被观测的两个信号必须是相关（同源）的。

（1）示波器的触发方式。

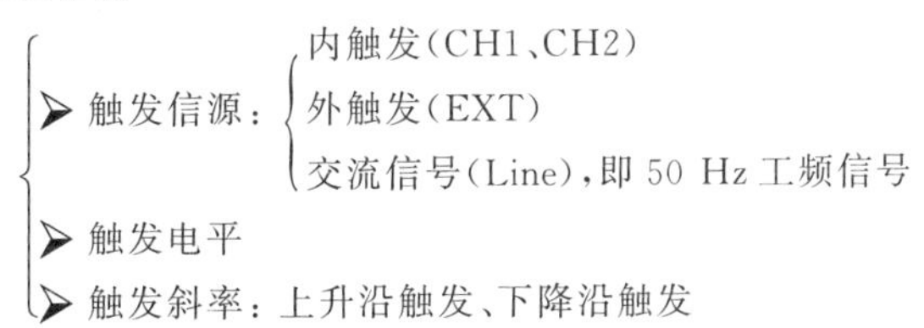

（2）触发的三要素：信源、触发电平、触发斜率，如附图 1.4.27 所示。

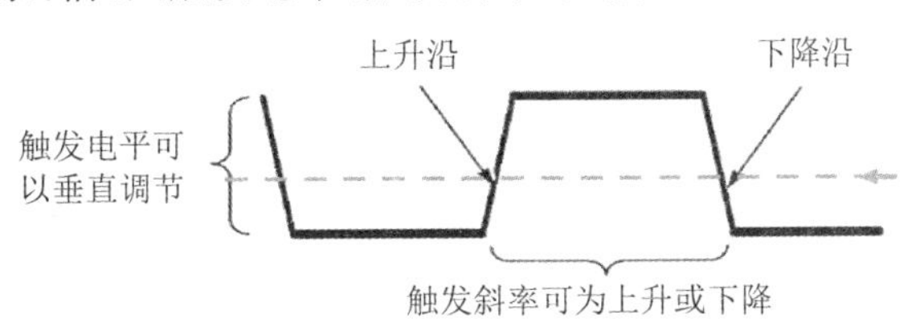

附图 1.4.27　示波器触发三要素

(3) 波形不能稳定显示的常见问题。

① 触发电平:在信号变化范围外。

② 信源选择:若 CH1 未加信号,信号选择 CH2,信源选择 CH1。

(4) 边沿触发功能菜单,如附图 1.4.28 所示。

触发工作方式分为三种:

自动:在没有检测到触发条件时,也能采集波形。

正常:只有满足触发条件时才能采集波形。

单次触发:一次触发采样一个波形,然后停止。

触发源信号与触发信号形成电路之间的耦合方式有四种:

直流:允许信号所有频率分量通过。

交流:阻止直流分量和低于 5 Hz 以下的信号分量通过。

低频抑制:只允许信号的高频分量通过,衰减 8 kHz 以下的信号。

高频抑制:只允许信号的低频分量通过,衰减 150 kHz 以上的信号。

(5) 屏幕提示的触发信息,如附图 1.4.29 所示。

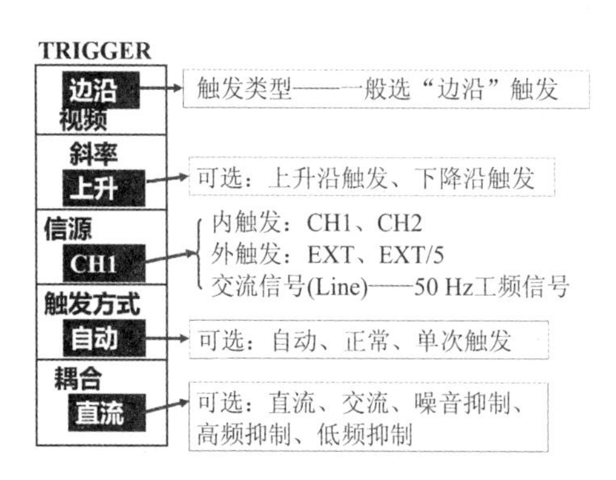

附图 1.4.28 边沿触发功能菜单

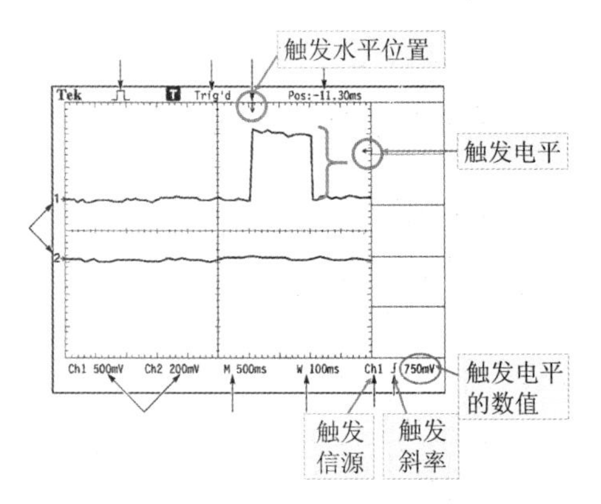

附图 1.4.29 屏幕提示的触发信息

6. 运算与测量。

(1) 数学运算功能(附图 1.4.30)。

数学运算可以实现两通道的加、减、乘、除运算。

① 操作:分 A+B、A−B、A×B、A÷B、FFT。A、B 分别为两个信号源,由菜单键选择。

② 反相:数学运算波形可反相显示。

运算波形的幅度可通过垂直 VOLTS/DIV 挡级进行调整,幅度以百分比的形式显示,从0.1%~1 000%以 1-2-5 进制分挡。

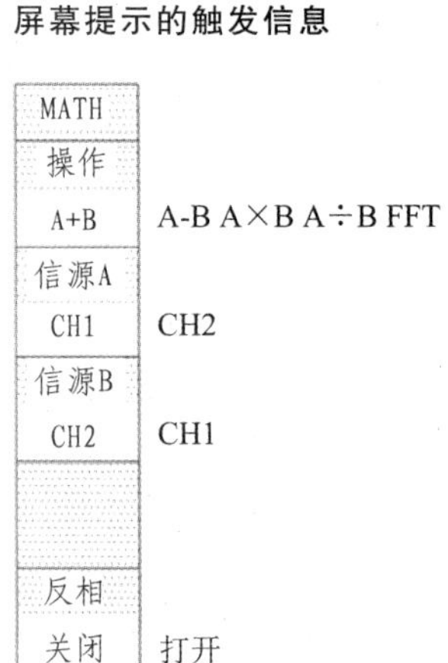

附图 1.4.30 数学运算功能

(2) FFT(快速傅立叶变换)。

使用 FFT(快速傅立叶变换)数学运算可将时域信号转换为频域分量(频谱),可实现在观测信号时域波形的同时观测信号的频谱图。使用 FFT 运算可以方便地测量系统中的谐波分量和失真,测量直流电源中的噪声特性,分析振动。

按“MATH”键选择“FFT”后,可以设置 FFT 运算的参数,如附图 1.4.31 所示。

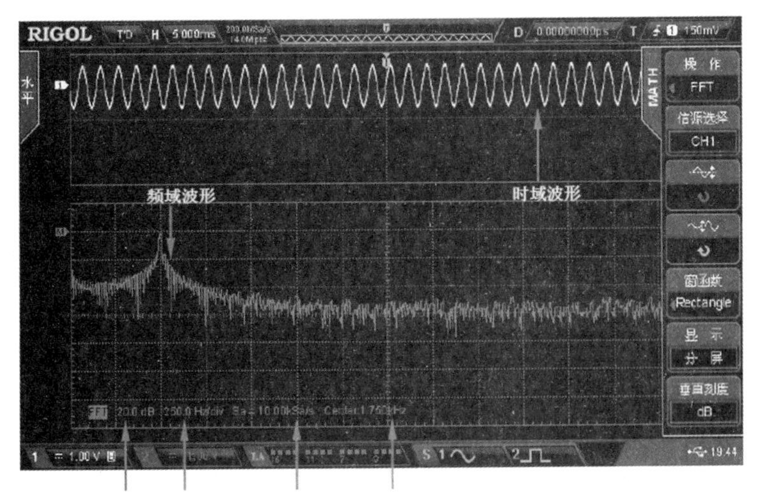

附图 1.4.31　FFT 运算

① 信源选择。

按“信源选择”软键，选择所需的通道，可设置为“CH1”或“CH2”。

② 选择窗函数。

使用窗函数可以有效减小频谱泄漏效应。示波器提供 4 种 FFT 窗函数，如附表 1.4.4 所示。每种窗函数的特点及适合测量的波形不同。须根据所测量的波形及其特点进行选择。按“窗函数”软键，选择所需的窗函数，默认为“Rectangle”。

附表 1.4.4　窗函数

窗函数	特点	适合测量的波形
Rectangle	最好的频率分辨率 最差的幅度分辨率 与不加窗的状况基本类似	暂态或短脉冲，信号电平在此前后大致相等 频率非常接近的等幅正弦波 具有变化较缓慢波谱的宽带随机噪声
Hanning	较好的频率分辨率 较差的幅度分辨率	正弦、周期和窄带随机噪声
Hamming	稍好于 Hanning 窗的频率分辨率	暂态或短脉冲，信号电平在此前后相差很大
Blackman	最好的幅度分辨率 最差的频率分辨率	单频信号，寻找更高次谐波

③ 设置显示方式。

按“显示”软键，选择“分屏”(默认)或“全屏”显示模式。

分屏：信源通道波形和 FFT 运算结果分屏显示，时域和频域信号一目了然。

全屏：信源通道波形和 FFT 运算结果在同一窗口显示，可以更清晰地观察频谱并进行更精确的测量。

注意：当处于 FFT 模式下且 MATH 为活动通道时，可以按下水平“SCALE”切换“分屏”或“全屏”。

④ 设置水平位移和水平挡位。

FFT 运算结果的水平轴表示频率，单位为 Hz。使用水平“POSITION”和水平“SCALE”可分别设置 FFT 频域波形的水平位移和水平挡位。

注意：设置水平位移可间接设置 FFT 运算结果的中心频率。

⑤ 设置垂直单位。

按“垂直刻度”软键，可选择垂直刻度单位为 dB 或 V_{rms}，默认为 dB。dB 和 V_{rms} 分别应用对数方式和线性方式显示垂直幅度大小。如需在较大的动态范围内显示 FFT 频谱，建议使用 dB。

⑥ 设置垂直位移和垂直挡位，使用多功能旋钮可设置 FFT 频域波形的垂直位移和垂直挡位。

⑦ 抗混叠。

按“抗混叠”软键，可打开或关闭抗混叠功能。

注意：具有直流成分或偏差的信号会导致 FFT 波形成分产生错误或偏差。为减少直流成分，可将信源的“通道耦合”设置为“交流”方式。

为减少重复或单次脉冲事件的随机噪声以及混叠频率成分，可将示波器的“获取方式”设置为“平均”方式。

由于 FFT 是一个数学函数，对于数学函数来说，处理的数据越多，就越准确。因此测量时，要把存储深度加大，时基尽量大，这样频率分辨率才更高。如附图 1.4.32 所示，两张图分别是同一信号，在时基分别为 200 μs 和 2 ms 时，可以清楚地看到，2 ms 时基下的 FFT 效果要好很多。

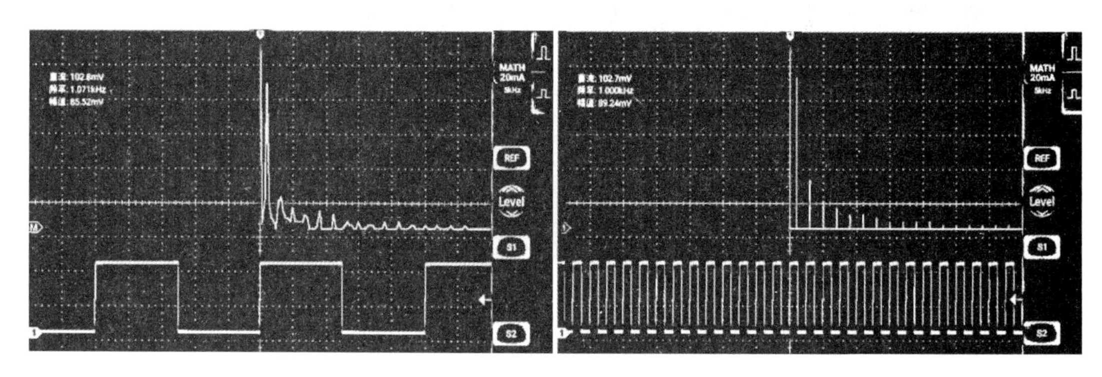

附图 1.4.32　同一信号不同时基下的 FFT 变换

但也要注意，时域信号长度不是越长越好，因为示波器的存储深度有限，波形记录时间越长，采样率越低，可能导致原波形失真。一般来说，在时域图上最少出现 4～8 个波形周期的波形时长是比较合适的。

(3) X-Y 模式。

该模式下，示波器将两个输入通道从电压-时间显示转化为电压-电压显示。CH1 为水平轴电压，CH2 为垂直轴电压，采样速率可调，缺省采样率为 1 MSa/s，一般来说，采样率适当降低可获得较好的李沙育(Lissajous)图形。通过李沙育法可方便地测量相同频率的两个信号之间的相位差。附图 1.4.33 给出了相位差的测量原理图。

根据 $\sin\theta=A/B$ 或 C/D，其中 θ 为通道间的相位差角，A、B、C、D 的定义见附图 1.4.17，可以得出相位差角，即 $\theta=\pm\arcsin(A/B)$ 或 $\pm\arcsin(C/D)$。

如果椭圆的主轴在Ⅰ、Ⅲ象限内,那么所求得的相位差角应在Ⅰ、Ⅳ象限内,即在 $0\sim\pi/2$ 或 $3\pi/2\sim2\pi$ 内。如果椭圆的主轴在Ⅱ、Ⅳ象限内,那么所求得的相位差角应在Ⅱ、Ⅲ象限内,即在 $\pi/2\sim\pi$ 或 $\pi\sim3\pi/2$ 内。

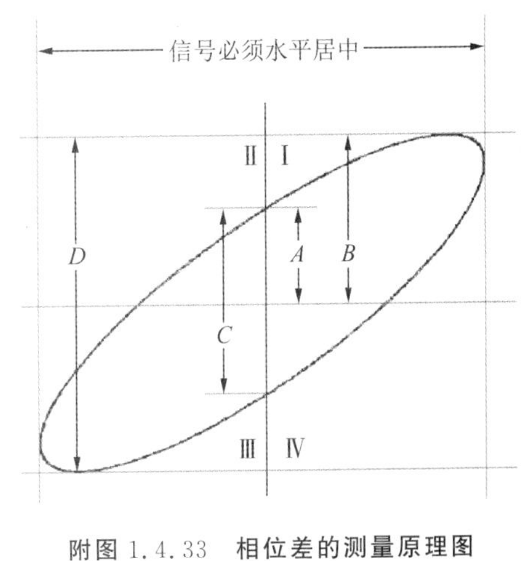

附图 1.4.33　相位差的测量原理图

X-Y 模式可用于测试信号经过一个电路网络产生的相位变化。将示波器与电路连接,监测电路的输入、输出信号。

应用实例:测量两个通道输入信号的相位差。

① 将一个正弦信号接入 CH1,再将一个同频率、同幅度、相位相差 90°的正弦信号接入 CH2。

② 按“AUTO”键,然后打开 X-Y 模式,旋转水平“SCALE”,适当调节采样率,可得到较好的李沙育图形,以便更好地观察和测量。

③ 调节 CH1 和 CH2 的垂直“POSITION”使信号显示在屏幕中间,调节 CH1 和 CH2 的垂直“SCALE”使信号易于观察。

④ 按下水平控制区域的“MENU”菜单按钮以调出水平控制菜单。按下时基菜单框按钮以选择 X-Y。此时,应得到附图 1.4.34 所示的圆形。

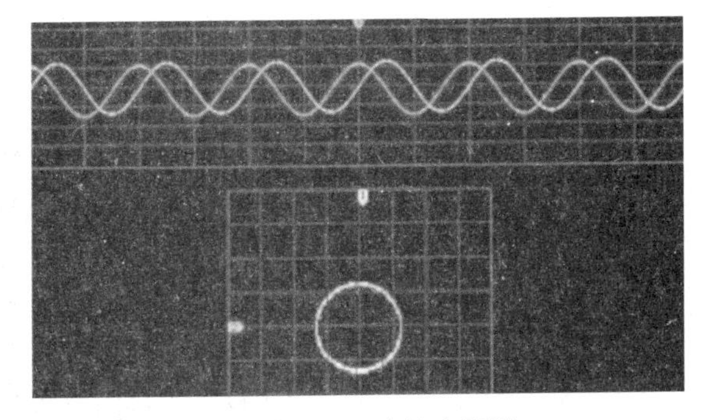

附图 1.4.34　李沙育图形

⑤ 观察上图的测量结果,并根据相位差测量原理(附图 1.4.33)可得 $A/B=1$ 或 $C/D=1$,即两个通道输入信号的相位差角 $\theta=\pm\arcsin 1=90°$。

(4) 自动测量(附图 1.4.35)。

附图 1.4.35 自动测量

“measure”自动测量功能键在“MENU”区域内,可打开 29 种波形参数测量菜单。自动测量可进行信源选择,分为电压测量和时间测量。全部测量参数可在屏幕上显示或关闭,也可以清除屏幕上的测量数据。

时间、电压和面积参数菜单项图标以及测量结果总是使用与当前测量信源(“measure”→“信源选择”)一致的颜色标记。延迟和相位参数菜单项图标以及测量结果始终显示为白色。

① 电压测量(附图 1.4.36)。

电压测量可测量峰峰值、最大值、最小值、平均值、幅度值、顶端值、底端值、均方根值、过冲、预冲等参数。

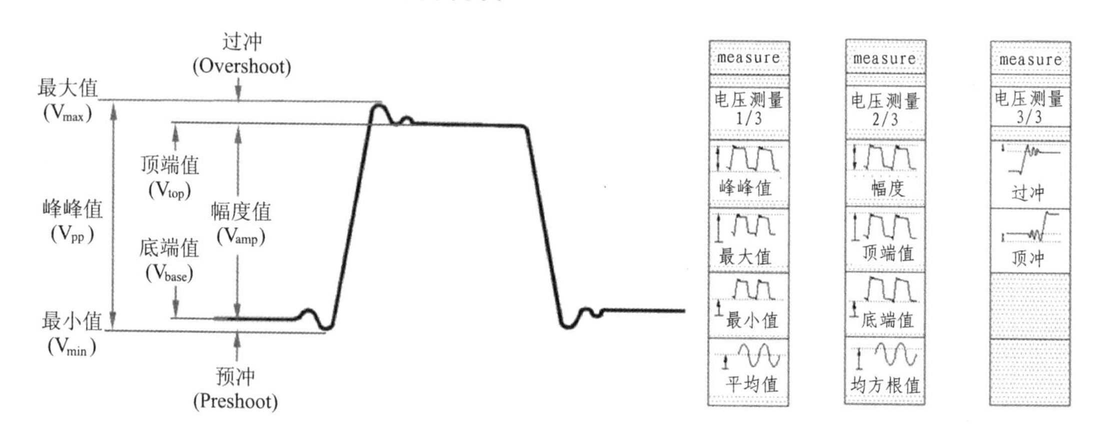

附图 1.4.36 电压参数及示波器菜单

最大值:波形最高点至 GND(地)的电压值。

最小值:波形最低点至 GND(地)的电压值。

峰峰值:波形最大值与最小值之间的差。

顶端值:波形平顶至 GND(地)的电压值。

底端值:波形平底至 GND(地)的电压值。

幅度值:波形顶端值与底端值之间的差。

平均值:波形点电压值[相对于 GND(地)]的算术平均值。

均方根值(V_{rms}):信号的有效值。

② 时间测量(附图 1.4.37)。

时间测量可测量频率、周期、上升时间、下降时间、正脉宽、负脉宽、正占空比、负占空比、延迟 1→2 ↑(上升沿的延迟时间)、延迟 1→2 ↓(下降沿的延迟时间)。

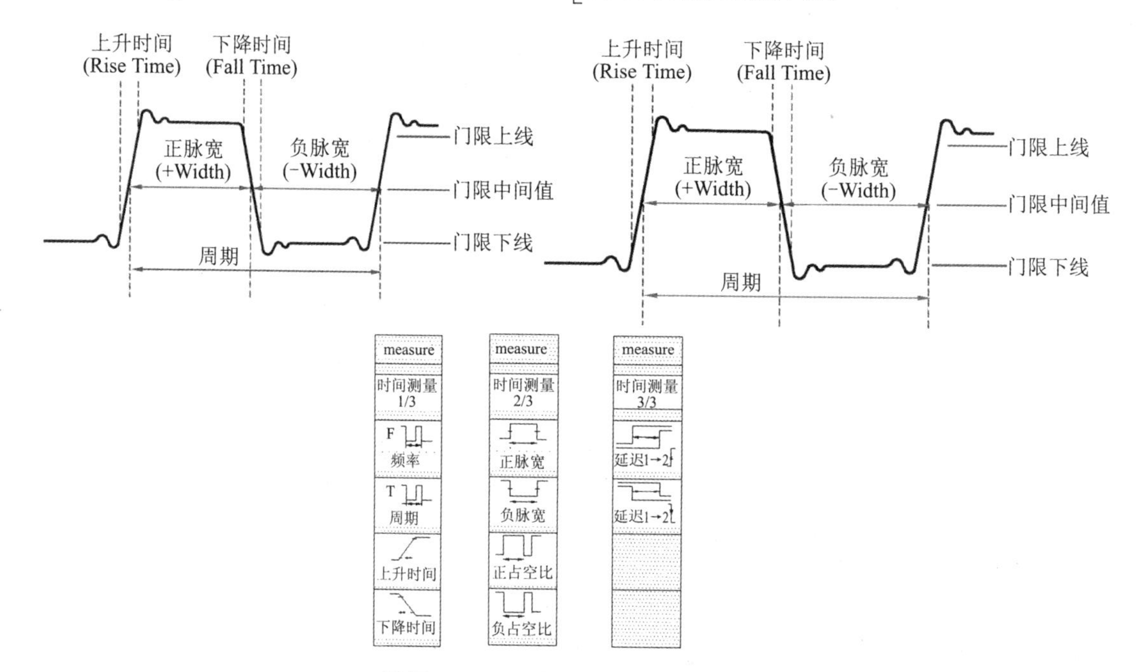

附图 1.4.37 时间参数及示波器菜单

上升时间(Rise Time):波形幅度从 10%上升至 90%的时间。

下降时间(Fall Time):波形幅度从 90%下降至 10%的时间。

正脉宽(Positive Width):正脉冲在 50%幅度时的脉冲宽度。

负脉宽(Negative Width):负脉冲在 50%幅度时的脉冲宽度。

延迟 1→2 ⎡:通道 1、2 相对于上升沿的延时。

延迟 1→2 ⎤:通道 1、2 相对于下降沿的延时。

正占空比:正脉冲与周期的比值。

负占空比:负脉冲与周期的比值。

(5) 测量设置。

① 信源选择。

按"measure"→"信源选择",选择时间、电压或面积参数的信源通道(CH1、CH2)。屏幕左侧"MENU"菜单下的参数图标颜色会根据所选信源变化。

② 测量范围。

按"measure"→"测量范围",选择"屏幕区域"或"光标区域"进行测量。选择"光标区域"时,屏幕出现两条光标线。此时,按"Cursor A"和"Cursor B"后使用↻可分别调节两条光标线的位置,由此确定测量范围。或者按"Cursor AB"软键,使用↻可同时调节光标 A 和 B 的位置。连续按下↻切换选中"Cursor A""Cursor B""Cursor AB"软键。

③ 全部测量(附图 1.4.38)。

全部测量可以测量当前测量源的所有时间和电压参数(每个测量源共有 21 项,可以对 CH1、CH2 和 MATH 同时测量)并显示在屏幕上。按"measure"→"全部测量",打开或关闭全部测量功能。按"全部测量信源"软键,使用↻选择需要测量的通道(CH1、CH2 和 MATH)。

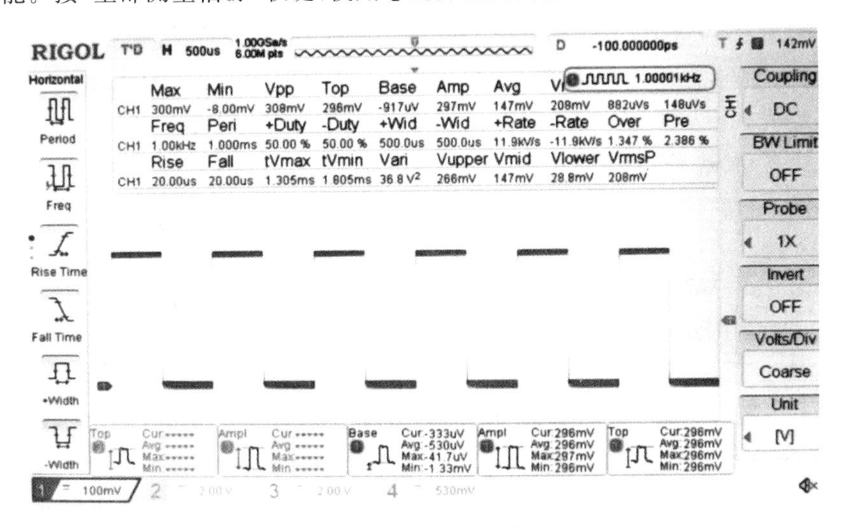

附图 1.4.38　全部测量显示

(6) 光标测量(附图 1.4.39)。

在使用光标测量前,将信号连接至示波器并获得稳定的显示。光标测量可以对所选波形的 X 轴值(如时间)和 Y 轴值(如电压)进行测量。所有"自动测量"功能可以测量的参数也可以通过光标进行测量。

X光标（光标A）
X光标（光标B）
Y光标
（光标A）
Y光标
（光标B）

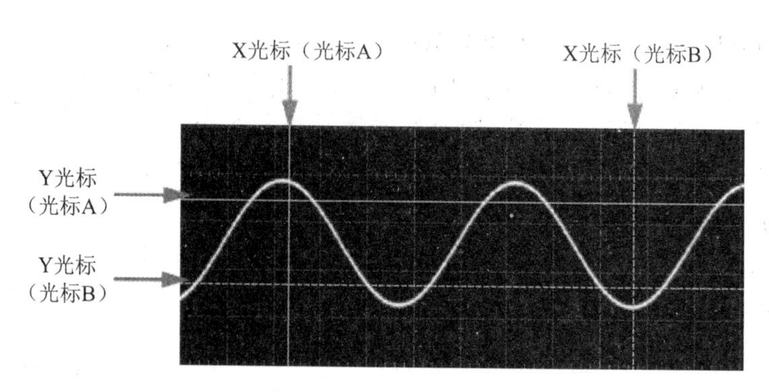

附图 1.4.39 光标测量

光标测量功能提供如下两种光标。

① X 光标。

X 光标是用于水平调整的垂直实/虚线，可以用于测量时间（s）、频率（Hz）、相位（°）和比例（%）。

光标 A 是垂直实线，光标 B 是垂直虚线。

在 X-Y 光标模式中，X 光标用于测量 CH1 的波形幅度。

② Y 光标。

Y 光标是用于垂直调整的水平实/虚线，可以用于测量幅度（与信源通道幅度单位一致）和比例（%）。

光标 A 是水平实线，光标 B 是水平虚线。

在 X-Y 光标模式中，Y 光标用于测量 CH2 的波形幅度。

如附图 1.4.40 所示，按前面板的功能菜单中的“cursor”→“光标模式”，旋转多功能旋钮↻选择所需的光标模式（默认为关闭），按下旋钮选中所需模式。也可以连续按“cursor”键或“光标模式”软键切换当前光标模式。可选的光标模式包括手动、追踪、自动测量和 X-Y。选择“关闭”，则关闭光标测量功能。当时基模式为“X-Y”时，可选的光标模式仅为 X-Y。

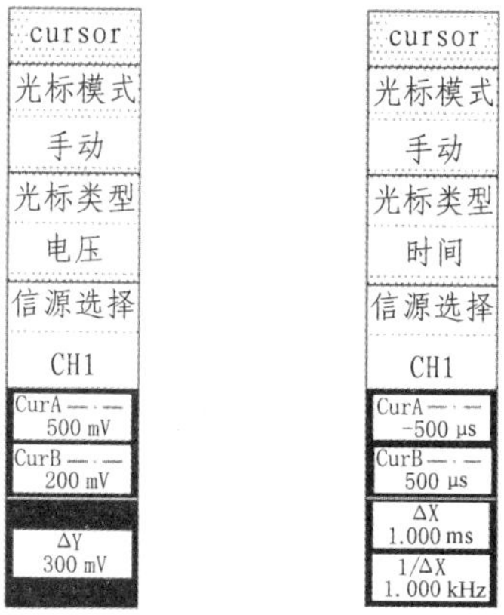

cursor
光标模式
手动
光标类型
电压
信源选择
CH1
CurA
500 mV
CurB
200 mV
ΔY
300 mV
cursor
光标模式
手动
光标类型
时间
信源选择
CH1
CurA
-500 μs
CurB
500 μs
ΔX
1.000 ms
1/ΔX
1.000 kHz

附图 1.4.40 光标模式

光标测量方式分两种：

a. 手动方式：手动调节电压和时间的光标间距，菜单下方显示光标 A、B 的电压值或时间值，或 ΔX、1/ΔX、ΔY。

手动方式下光标的操作方法是：按光标模式键进入手动菜单，选择光标类型的电压或时间；选择信源 CH1、CH2 或 MATH；使用垂直 CH1 的 POSITION 和 CH2 的 POSITION 移动光标 A、B，在测量电压时，光标上下移动，在测量时间时光标左右移动。

将光标移至所需测试的位置，此时菜单下方显示光标 A、B 所处位置的电压值或时间值以及 ΔX、1/ΔX、ΔY（即频率）。测量结果如附图 1.4.41 所示。

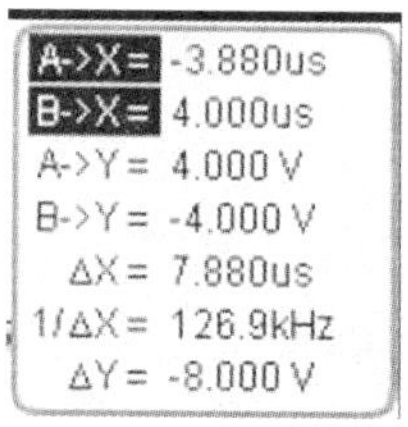

A->X= -3.880us
B->X= 4.000us
A->Y= 4.000 V
B->Y= -4.000 V
ΔX= 7.880us
1/ΔX= 126.9kHz
ΔY= -8.000 V

附图 1.4.41 光标测量结果

b. 追踪方式：水平和垂直光标交叉构成十字光标，通过垂

直移位 CH1 POSITION 和 CH2 POSITION 可移动十字光标，在菜单下方显示光标 Cur-Ax、Cur-Ay、Cur-Bx、Cur-By、ΔY、ΔX、1/ΔX等，如附图 1.4.42 所示。在追踪模式下，光标会实时追踪标记的点(即随着波形的瞬时变化而上下跳动)，因此即使没有调节光标，Y 值也可能会变化。

用光标 A 和光标 B 分别测量 CH1 和 CH2 中的波形，然后水平扩展波形，可以发现光标会跟踪所标记的点，如附图 1.4.43 所示。

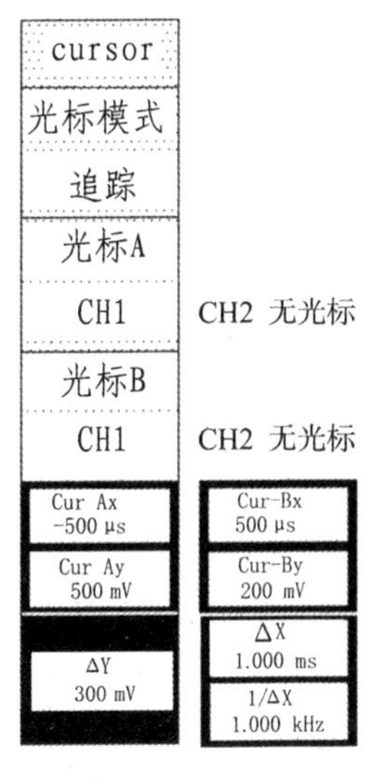

附图 1.4.42　追踪方式

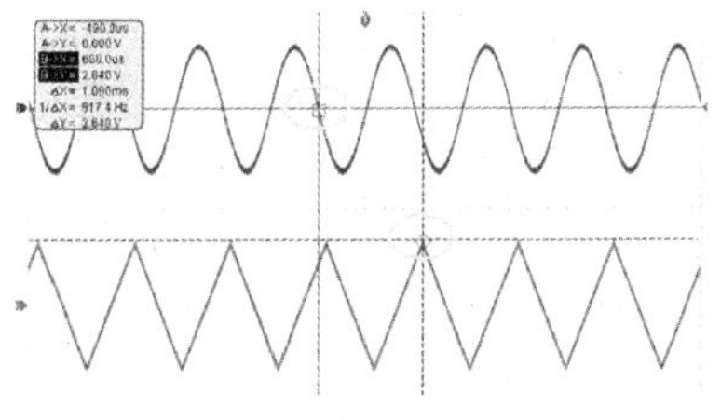

追踪测量（水平扩展前）

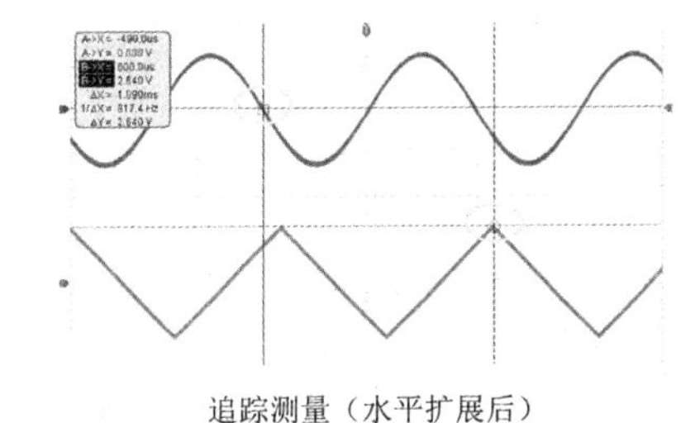

追踪测量（水平扩展后）

附图 1.4.43　追踪测量

附录 2　实验报告要求和样稿

【实验报告要求】

一、实验报告应有的各项内容

1. 实验目的。
2. 实验原理。
3. 实验设备与器件(需写明名称、规格、编号)。
4. 实验步骤、数据记录、结论。
5. 实验思考题。
6. 附原始记录(经指导教师签字)。
7. 附预习报告。

二、实验报告中各内容的要求

1. 实验报告中应含有详细的实验线路图。实验线路图要用直尺和其他工具画,特别要注意交线点的圆点。

2. 实验数据要列表,注明实验条件、量程、单位。模拟量应至少测量三次,并求出平均值。

3. 波形的描绘:必须注意坐标及时间的对应关系和波形的名称,并使用坐标纸。

4. 曲线的制作:必须注明名称及实验条件,坐标轴应注明单位,尤其是对数坐标要取正确,如一个图上同时要画几条曲线时,应分别标出相应的坐标,每一条曲线应用一致的符号表示,如“○”“×”“△”等。曲线应尽量布满全图,不要过大或过小,并且要用曲线板画工整,要使用坐标纸。

5. 实验报告中必须对实验结果进行必要分析,对出现的问题进行讨论,并写出心得体会。

【实验报告样稿】

×× 大 学 实 验 报 告

院　　系：××××学院　班　级：××××　姓名：×××　学　　号：××××
指导教师：×××　同组实验者：无　实验日期：××××

实验名称：二阶电路的动态响应

基础实验

一、实验目的

1. 学习用实验的方法来研究二阶动态电路的响应。
2. 研究电路元件参数对二阶电路动态响应的影响。
3. 研究欠阻尼时，元件参数对 α 和固有频率的影响。
4. 研究 RLC 串联电路所对应的二阶微分方程的解与元件参数的关系。

二、实验原理

用二阶微分方程描述的动态电路称为二阶电路。图 1 所示的线性 RLC 串联电路是一个典型的二阶电路，可以用下述二阶线性常系数微分方程来描述：

$$LC\frac{\mathrm{d}^2u_\mathrm{C}}{\mathrm{d}t^2}+RC\frac{\mathrm{d}u_\mathrm{C}}{\mathrm{d}t}+u_\mathrm{C}=U_\mathrm{S}$$

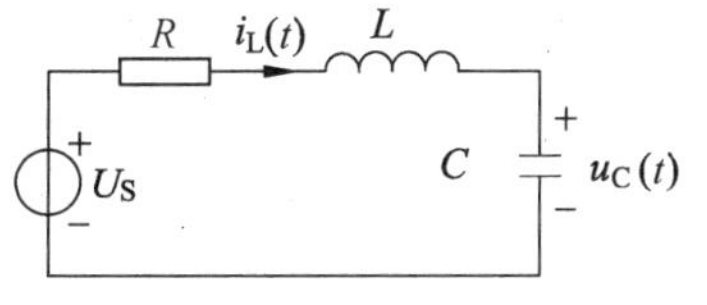

图 1　RLC 串联二阶电路

初始值为

$$u_\mathrm{C}(0^-)=U_0$$

$$\frac{\mathrm{d}u_\mathrm{C}(t)}{\mathrm{d}t}\Big|_{t=0^-}=\frac{i_\mathrm{L}(0^-)}{C}=\frac{I_0}{C}$$

求解该微分方程，可以得到电容上的电压 $u_\mathrm{C}(t)$。

再根据 $i_\mathrm{C}(t)=C\frac{\mathrm{d}u_\mathrm{C}}{\mathrm{d}t}$ 可求得 $i_\mathrm{C}(t)$，即回路电流 $i_\mathrm{L}(t)$。

RLC 串联电路的响应类型与元件参数有关。

当激励为方波信号且宽度适当时，可以观察到电路的零状态响应与零输入响应，它们分别对应电容的充放电过程。

1. 零输入响应。

设电容已经充电，其电压为 U_0，电感的初始电流为 0。

(1) 当 $R>2\sqrt{\frac{L}{C}}$ 时，响应是非振荡性的，称为过阻尼情况。

电路响应为

$$\left.\begin{aligned} u_C(t) &= \frac{U_0}{p_2-p_1}(p_2 e^{p_1 t} - p_1 e^{p_2 t}) \\ i(t) &= \frac{-U_0}{L(p_2-p_1)}(e^{p_1 t} - e^{p_2 t}) \end{aligned}\right\} \quad t \geqslant 0$$

当 $t_m = \dfrac{\ln \dfrac{p_2}{p_1}}{p_1-p_2}$ 时，电流有极大值。

(2) 当 $R=2\sqrt{\frac{L}{C}}$ 时，响应临近振荡，称为临界阻尼情况。

电路响应为

$$\left.\begin{aligned} u_C(t) &= U_0(1+at)e^{-\alpha t} \\ i(t) &= \frac{U_0}{L} t e^{-\alpha t} \end{aligned}\right\} \quad t \geqslant 0$$

(3) 当 $R<2\sqrt{\frac{L}{C}}$ 时，响应是振荡性的，称为欠阻尼情况。

电路响应为

$$\left.\begin{aligned} u_C(t) &= \frac{\omega_0}{\omega_d} U_0 e^{-\alpha t} \sin(\omega_d t + \beta) \\ i(t) &= \frac{U_0}{\omega_d L} e^{-\alpha t} \sin\omega_d t \end{aligned}\right\} \quad t \geqslant 0$$

其中衰减振荡角频率和初相位分别为

$$\omega_d = \sqrt{\omega_0^2 - \alpha^2} = \sqrt{\frac{1}{LC} - \left(\frac{R}{2L}\right)^2}, \quad \beta = \arctan\frac{\omega_d}{\alpha}$$

(4) 当 $R=0$ 时，响应是等幅振荡性的，称为无阻尼情况。

电路响应为

$$u_C(t) = U_0 \cos\omega_0 t$$

$$i(t) = \frac{U_0}{\omega_0 L} \sin\omega_0 t$$

等幅振荡角频率即自由振荡角频率 ω_0。

2. 零状态响应。

电路响应为

$$\left.\begin{aligned} u_C(t) &= U_S - \frac{U_S}{p_2-p_1}(p_2 e^{p_1 t} - p_1 e^{p_2 t}) \\ i(t) &= -\frac{U_S}{L(p_2-p_1)}(e^{p_1 t} - e^{p_2 t}) \end{aligned}\right\} \quad t \geqslant 0$$

与零输入响应相类似，电压、电流的变化规律取决于电路结构、电路参数。充电过程可以分为过阻尼、欠阻尼、临界阻尼三种。

3. 状态轨迹。

对于图 1 所示的电路，也可以用两个一阶方程的联立(即状态方程)来求解。

$$\frac{\mathrm{d}u_{\mathrm{C}}(t)}{\mathrm{d}t}=\frac{i_{\mathrm{L}}(t)}{C}$$

$$\frac{\mathrm{d}i_{\mathrm{L}}(t)}{\mathrm{d}t}=-\frac{u_{\mathrm{C}}(t)}{L}-\frac{Ri_{\mathrm{L}}(t)}{L}-\frac{U_{\mathrm{S}}}{L}$$

初始值为

$$u_{\mathrm{C}}(0^{-})=U_{0}$$

$$i_{\mathrm{L}}(0^{-})=I_{0}$$

其中，$u_{\mathrm{C}}(t)$和 $i_{\mathrm{L}}(t)$为状态变量，对于所有 $t\geqslant 0$ 的不同时刻，由状态变量在状态平面上所确定的点的集合，就叫作状态轨迹。

三、实验设备与器件

1. 计算机(1 台)。
2. 通用电路板(1 块)。
3. 低频信号发生器(1 台)。
4. 双踪示波器(1 台)。
5. 交流毫伏表(1 只)。
6. 万用表(1 只)。
7. 可变电阻器：0～1 kΩ(1 只)。
8. 电阻若干。
9. 电容：47 μF、22 μF、100 nF。
10. 电感：10 mH、47 mH。

四、实验内容

1. Multisim 仿真。

(1) 从元器件库中选择可变电阻、电容、电感等，创建如图 2 所示的电路。

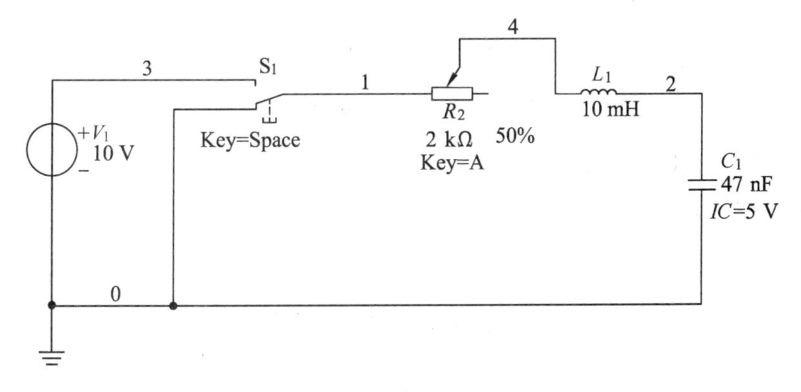

图 2 二阶电路瞬态分析

(2) 设置电容初始电压为 5 V,利用 Transient Analysis 观测电容电压的零输入响应。

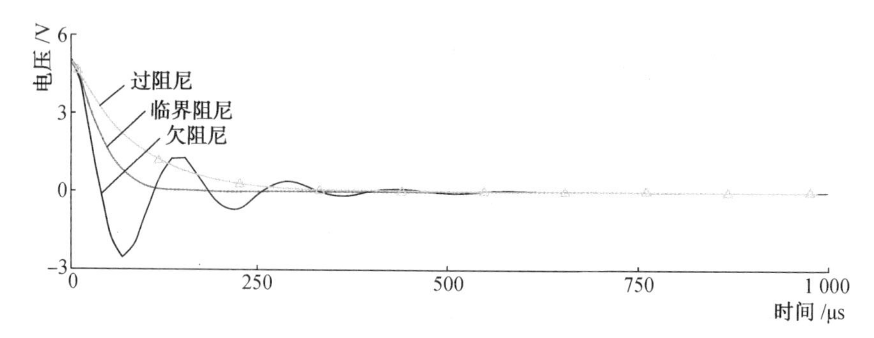

过阻尼：$R_1=1.8\ \mathrm{k\Omega}$,欠阻尼：$R_1=200\ \Omega$,临界阻尼：$R_1=923\ \Omega$

图 3　二阶电路零输入响应

(3) 接 10 V 电压源,用 Transient Analysis 观测电容电压的全响应,阻值同上。

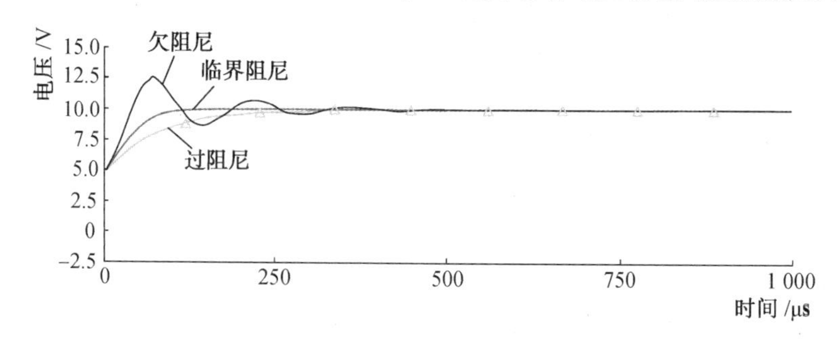

图 4　二阶电路全响应

(4) 将电容初始电压设为 0 V,利用 Transient Analysis 观测电容电压的零状态响应。

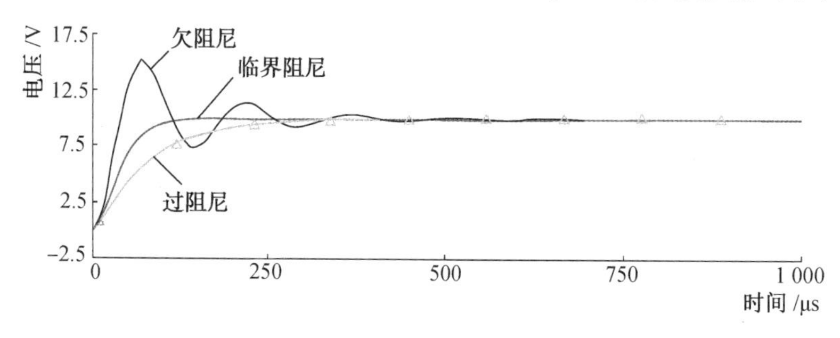

图 5　二阶电路零状态响应

(5) 利用 Multisim 中函数发生器和示波器,创建电路观测二阶电路的各种响应,如图 6 所示。

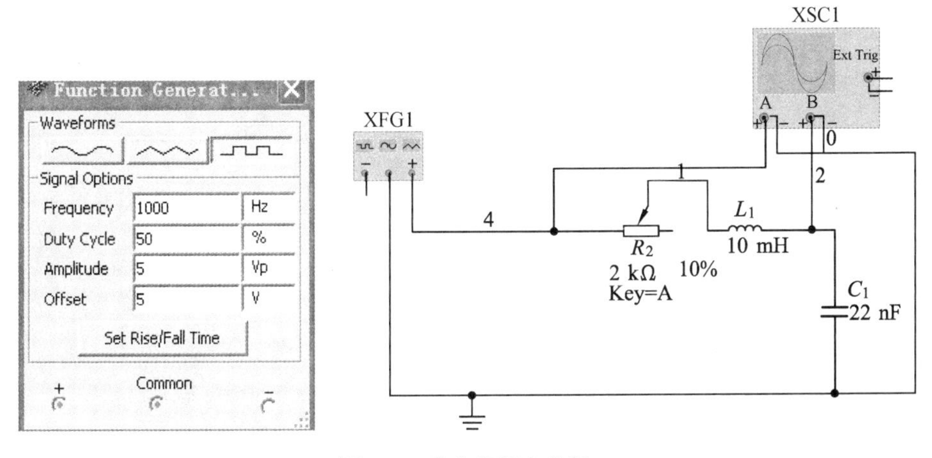

图 6　二阶电路瞬态分析

各种响应曲线如图 7 所示。

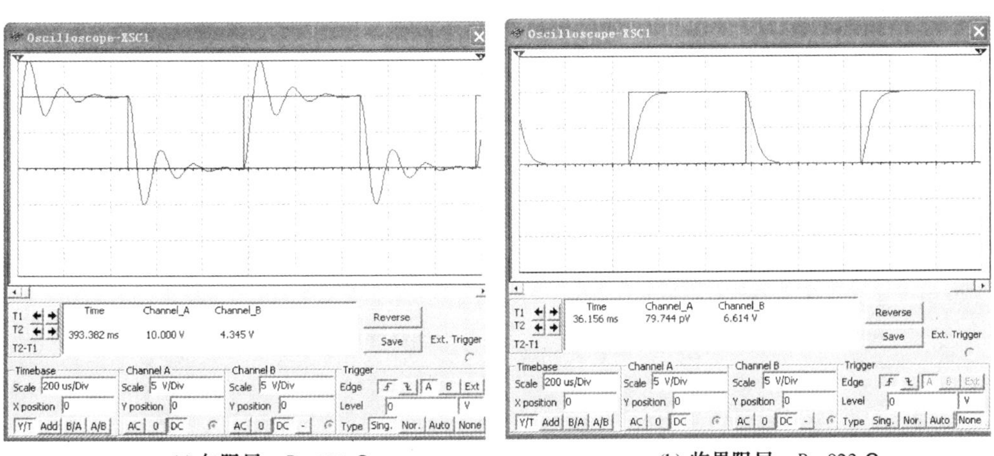

(a) 欠阻尼：R_1=200 Ω　　　　(b) 临界阻尼：R_1=923 Ω

(c) 过阻尼：R_1=1.8 kΩ

图 7　响应曲线

2. 在电路板上按图 8 焊接实验电路。

图中 R_1 为电流取样电阻，R_2 为变阻器，L 为电感，C 为电容。标称值 $R_1=100\ \Omega$，$L=10\ \text{mH}$，$C=47\ \text{nF}$，$R_2=0\sim1\ \text{k}\Omega$。实际测得 $R_1=100.1\ \Omega$，$L=10\ \text{mH}$，$C=44.9\ \text{nF}$，$R_L=25.7\ \Omega$。其中，R_L 为电感的电阻，因此实际的等效电路如图 9 所示。

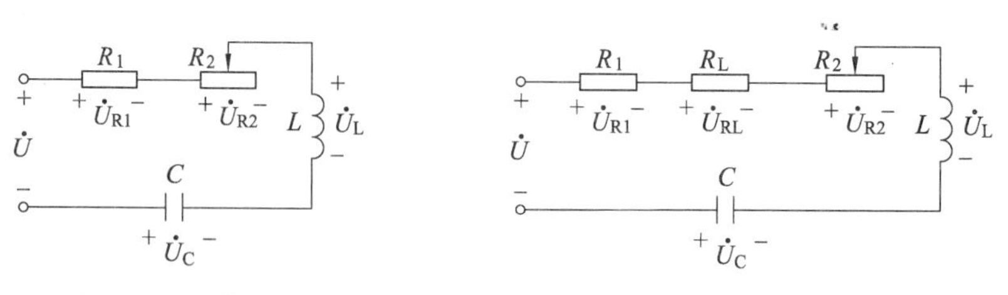

图 8　实验电路图　　　　图 9　等效实验电路图

通过公式 $R=2\sqrt{\frac{L}{C}}$ 计算可得，当本电路处于临界阻尼状态时，$R=943.9\ \Omega$，此时，$R=R_1+R_L+R_2$。因此估算当电路处于临界阻尼状态时，$R_2\approx818\ \Omega$。

五、实验步骤、数据记录、结论

1. 调节示波器，将 CH1 和 CH2 探针分别接到 CAL 端子上，这时屏幕上出现频率约为 1 kHz(依示波器不同而可能有所不同，请参阅实际使用示波器的说明书)的探头补偿方波信号，如图 10 所示。

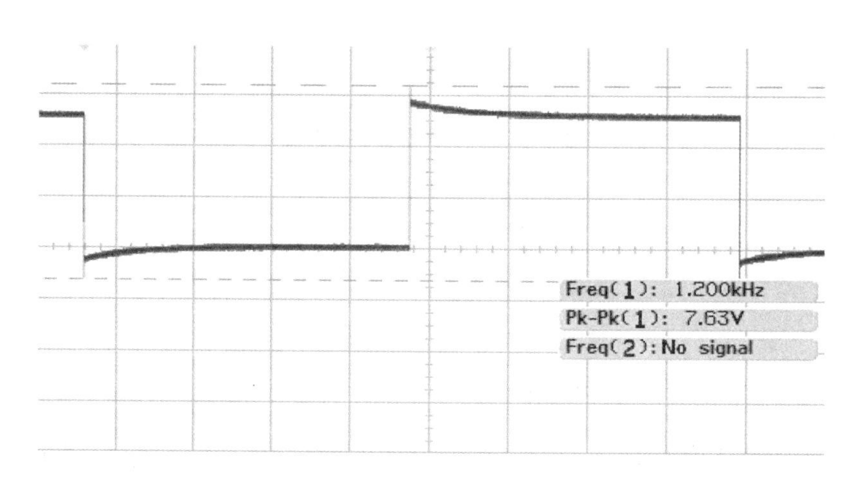

图 10　示波器探头未校准前补偿信号波形

分别用绝缘小起子调整 CH1 和 CH2 探头的补偿电容，使补偿方波信号达到最平坦，得到图 11 所示的波形。

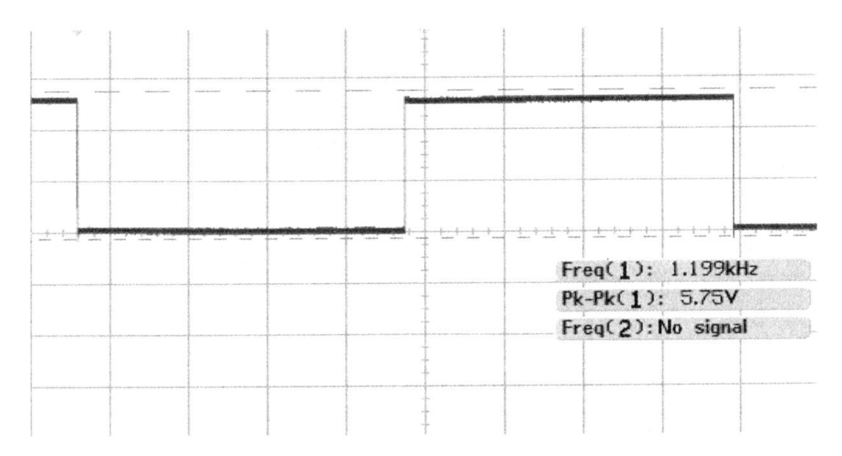

图 11　校准后的补偿信号波形

2. 打开低频信号源，调节输出频率为 600 Hz 左右，$U_S=5\ V_{pp}$的方波。因为要模拟对电容的充电过程，因此信号源给出的方波必须是 0～5 V 变化的，而不是－2.5～＋2.5 V，所以必须调节低频信号源的电压输出偏移，使输出方波低电平为 0 V，高电平为 5 V。因为要观察直流分量，因此示波器相应测试通道应选择 DC 挡。得到的波形如图 12 所示。

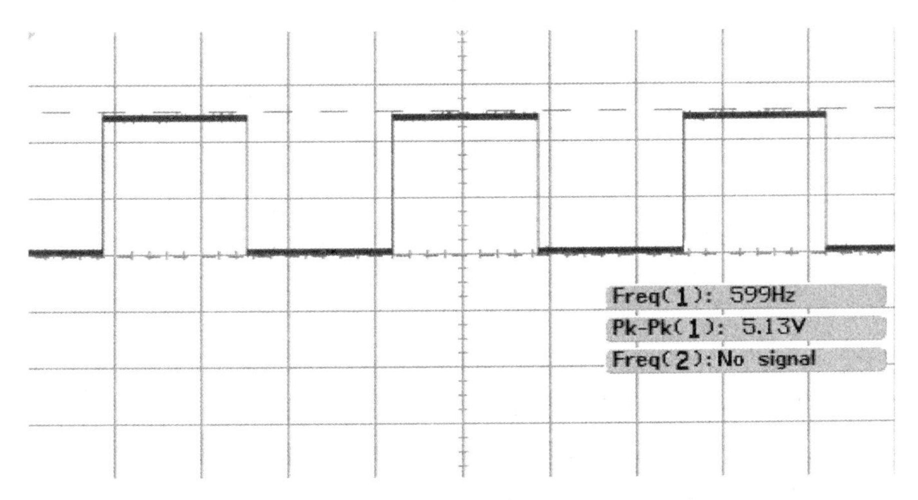

图 12　低频信号源输出方波(0～5 V,600 Hz)

3. 调节可变电阻器 R_2 的值，观察二阶电路的零输入响应和零状态响应由过阻尼过渡到临界阻尼，最后过渡到欠阻尼的变化过程，分别定性地描绘、记录响应的典型变化波形。

当输入信号从低电平跃到高电平的瞬间，也就是从 0 V 变到＋5 V 时，电容相当于处于充电状态，此时在方波高电平段可观察到此二阶电路的零状态响应。当输入信号从高电平跃到低电平的瞬间，即从＋5 V 变到 0 V，电容相当于处于放电状态，此时在方波低电平段可观察到此二阶电路的零输入响应。

记录波形如下：$R_2=0\ \Omega$ 时，为欠阻尼响应，如图 13 所示。

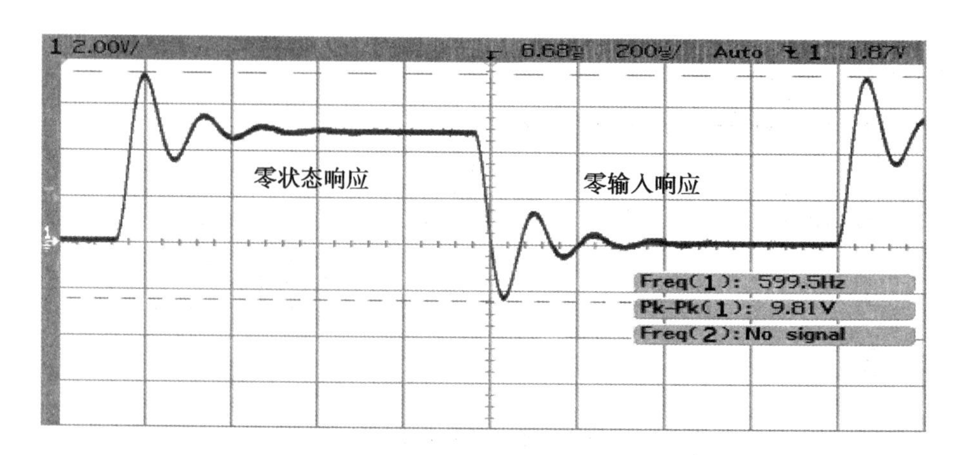

图 13　欠阻尼响应波形

如图 14 所示，测得 $h_1=2.563\ \text{V}$，$h_2=0.75\ \text{V}$，$T_d=136\ \mu\text{s}$。计算得出此时衰减振荡角频率 $\omega_d=2\pi f_d=\frac{2\pi}{T_d}\approx4.6\times10^4\ \text{rad/s}$，衰减系数 $\alpha=\frac{1}{T_d}\ln\frac{h_1}{h_2}=9.0\times10^3$。

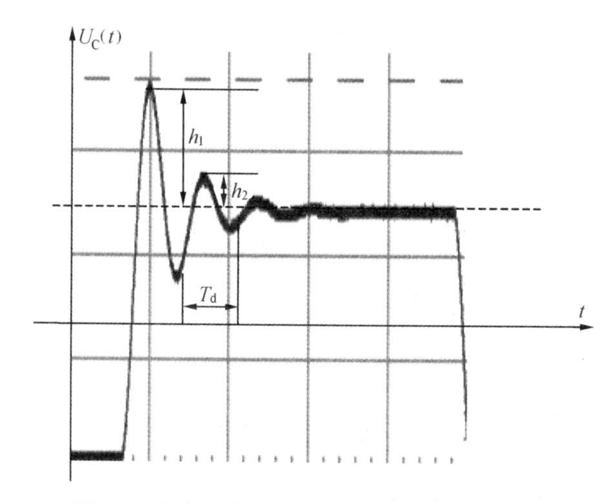

图 14　衰减振荡角频率 ω_d 和衰减系数 α 的测定

结论：欠阻尼响应时，衰减振荡角频率 ω_d 越大，T_d 就越小，则同时间内波形振荡得越快，振荡频率越高。衰减系数 α 越大，波形衰减得越厉害，振荡得越慢，振荡频率越低。由观察得，改变电阻 R_2 时，T_d 并不改变，因此 ω_d 也不改变。电阻 R_2 越大，衰减得越厉害，α 越大，反之 α 越小。

$R_2=782\ \Omega$ 时，为临界阻尼响应，如图 15 所示。

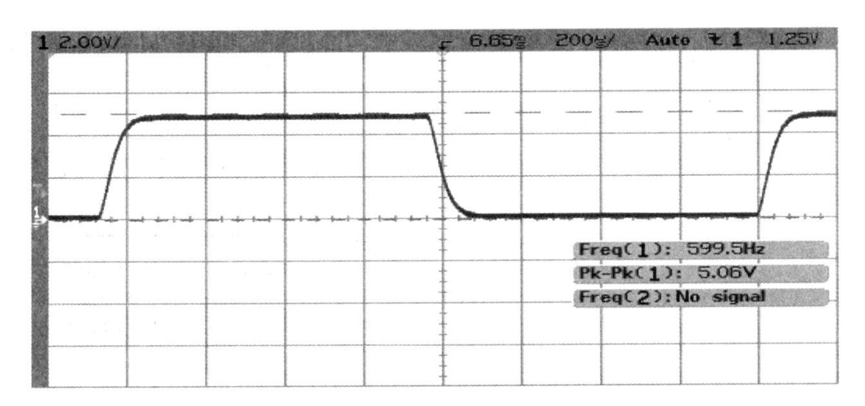

图 15　临界阻尼响应波形

记录波形如下：$R_2=1\ \mathrm{k\Omega}$ 时，为过阻尼响应，如图 16 所示。

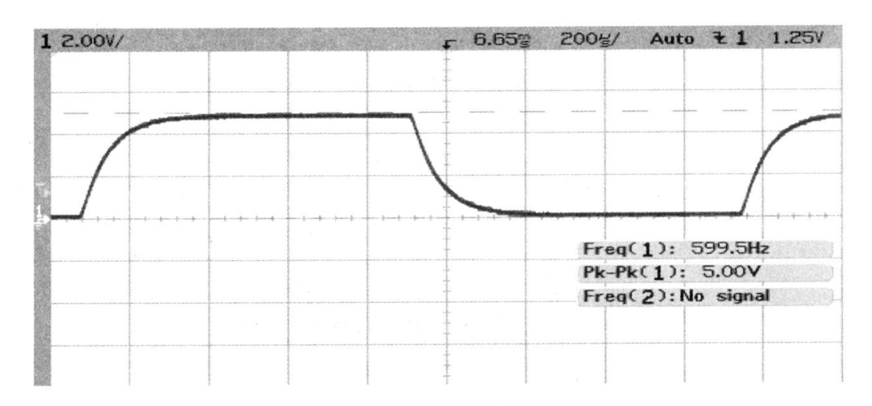

图 16　过阻尼响应波形

4. 保持其他器件不变，把电路中的电容从 47 nF 换到 100 nF，则波形如图 17 所示。

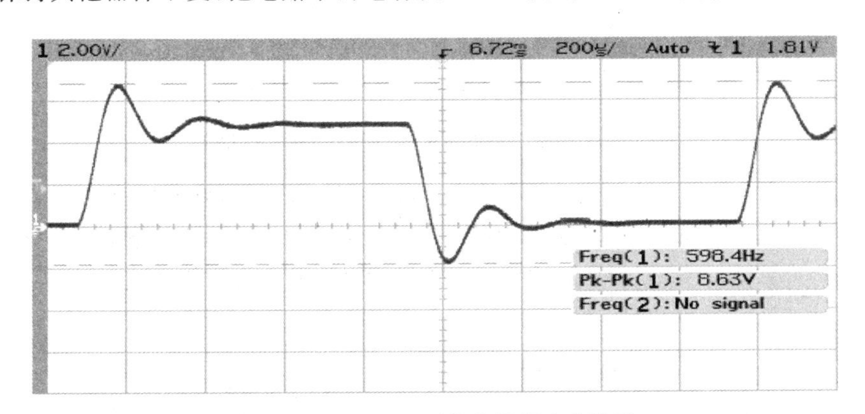

图 17　$C=100$ nF 时的欠阻尼响应波形

如果电容不变，仅把电感从 10 mH 换为 4.7 mH，那么波形如图 18 所示。

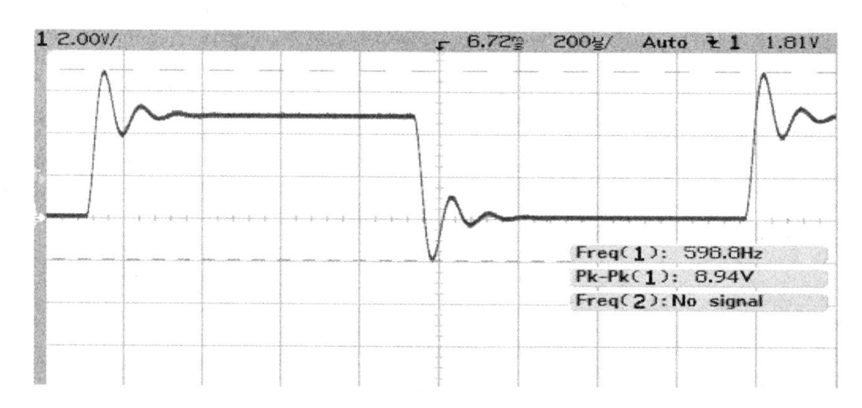

图 18 L=4.7 mH 时的欠阻尼响应波形

结论：电容或电感的改变都可以改变 T_d，进而改变衰减振荡角频率 ω_d 和衰减系数 α。

5. 把示波器置于 X-Y 方式，当 Y 轴输入 $U_C(t)$ 波形，X 轴输入 $I_L(t)$ 波形时，适当调节 Y 轴和 X 轴幅值，显示出状态轨迹的图形，分别如图 19、图 20 所示。

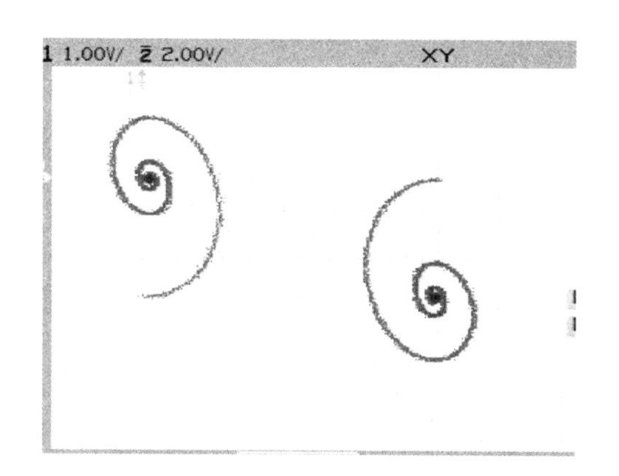

图 19 欠阻尼状态轨迹

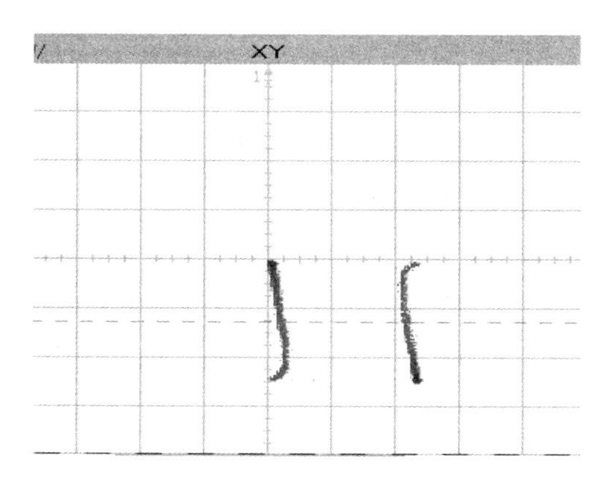

图 20 过阻尼状态轨迹

六、讨论题

略。

××大学实验报告

院　　系：××××学院　班　级：××××　姓名：×××　学　　号：××××

指导教师：　×××　　同组实验者：　　无　　　实验日期：××××

实验名称：温度监测报警器

一、实验任务及目的

1. 实验任务。

设计一个温度监测及三级报警的电路。报警分三级：温度＞20 ℃，一个灯亮；温度＞40 ℃，两个灯亮；温度＞60 ℃，三个灯亮。

(1) 温度监测电路可采用热敏电阻(如 MF52)作为测温元件，将温度转换为电压值。

(2) 采用 LM324 作为比较电路，并用发光二极管实现报警。

2. 实验目的。

通过查阅资料，掌握热敏电阻和运算放大器的工作原理与使用方法，学习自己设计原理图、选择器件并确定参数，练习使用 Multisim 和 Altium Designer 软件设计电路原理图和 PCB 版图，并进行仿真调试。

二、实验方案

采用热敏电阻 MF53-1 作为温度传感器，将温度转换为电压值，然后采用 LM324 设计一个电压比较电路，根据温度区间确定比较电路中的电阻值，用发光二极管实现报警，当温度＜20 ℃时，所有灯均不亮；当温度＞20 ℃时，一个灯亮；当温度＞40 ℃时，两个灯亮；当温度＞60 ℃时，三个灯全亮。所设计的电路如图 1 所示。

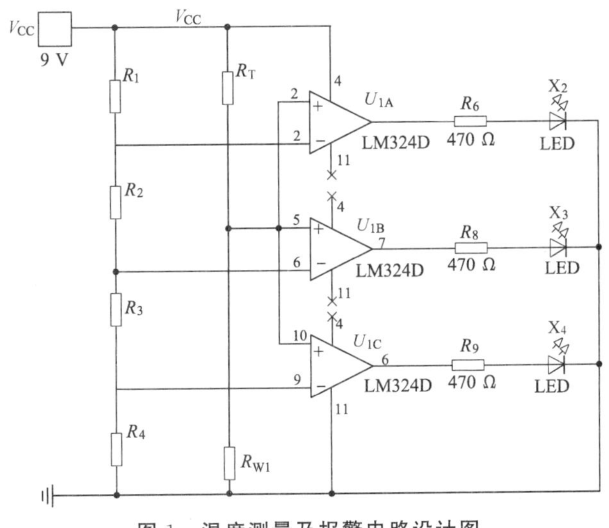

图 1　温度测量及报警电路设计图

1. 关键器件工作原理。

(1) MF53-1 热敏电阻。

图 2 所示为 MF53-1 热敏电阻的外观。

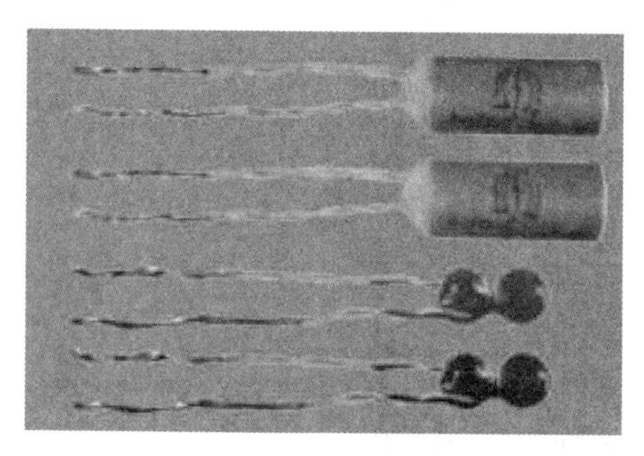

图 2 MF53-1 外观

MF53-1 的用途与特点：主要适用于远距离多点位温度、湿度的测量，可在控制系统中作感温元件；也适用于厂房、宾馆的空气调节，油库、仓库的火警预报，铁路、桥梁地温的监测；还可在矿山、煤井的温度测量和控制等方面作感温元件。

MF53-1 的主要参数：标称阻值 2 890 Ω；阻值允许偏差±0.5%、±1%、±2%；B 值(25～85 ℃) 3 565 K；B 值允许偏差±2%；时间常数≤120 s；耗散系数≥6 mW/℃；工作温度−55～100 ℃。

MF53-1 温度与阻值对应关系见表 1。

表 1 MF53-1 温度与阻值对应关系

温度/℃	零功率电阻值/Ω	零功率电阻值允许偏差/%		温度/℃	零功率电阻值/Ω	零功率电阻值允许偏差/%	
		1.0 级	1.5 级			1.0 级	1.5 级
−55	1 460×10^{2}*	±6.43	±9.65	−20	2 098×10	±5.09	±7.64
−50	1 089×10^{2}	±6.13	±9.21	−15	1 648×10	±4.90	±7.35
−45	8 100×10	±5.88	±8.82	−10	1 290×10	±4.71	±7.06
−40	6 060×10	±5.63	±8.45	−5	1 025×10	±4.63	±6.95
−35	4 587×10	±5.40	±8.10	0	8 170*	±4.54	±6.81
−30	3 530×10	±5.30	±7.95	5	6 626	±4.48	±6.72
−25	2 712×10	±5.20	±7.80	10	5 359	±4.33	±6.50
15	4 335	±4.20	±6.30	60	823.0	±3.21	±4.81
20	3 506	±4.09	±6.14	65	702.0	±3.11	±4.66
25	2 890*	±3.96	±5.94	70	602.0	±3.02	±4.53
30	2 379	±3.88	±5.82	75	520.0	±2.94	±4.41
35	1 971	±3.75	±5.62	80	450.0	±2.85	±4.27
40	1 643	±3.63	±5.44	85	390.0	±2.77	±4.15
45	1 377	±3.52	±5.28	90	339.0	±2.70	+4.05
50	1 160	±3.41	±5.11	95	296.0	±2.63	±3.94
55	968	±3.31	±4.96	100	258.0*	±2.56	±3.84

注：标有 * 的各点作为质量一致性检验时 C2 分组检验用，其余各点的数据均由制造厂保证，供用户使用时参考，不作检验。

(2) LM324运放。

LM324系列器件为价格便宜的带有真差动输入的四运算放大器。与单电源应用场合的标准运算放大器相比，它们有一些显著优点。该放大器可以工作在低到3.0 V或者高到32 V的电源下，静态电流为MC1741的静态电流的五分之一。共模输入范围包括负电源，因而消除了在许多应用场合中采用外部偏置元件的必要性。LM324管脚连接图如图3所示。

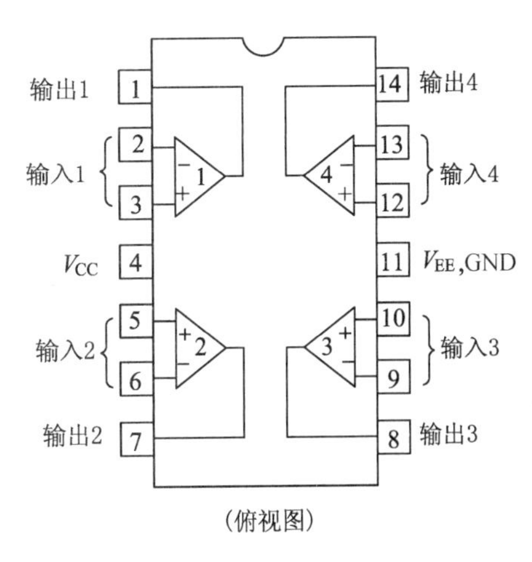

图3　LM324管脚连接图

每一组运算放大器可用图4所示的符号来表示，它有5个引出脚，其中"＋""－"为两个信号输入端，"V_+""V_-"为正、负电源端，"V_o"为输出端。两个信号输入端中，V_{i-}为反相输入端，表示运算放大器输出端V_o的信号与该输入端的位相反；V_{i+}为同相输入端，表示运算放大器输出端V_o的信号与该输入端的相位相同。

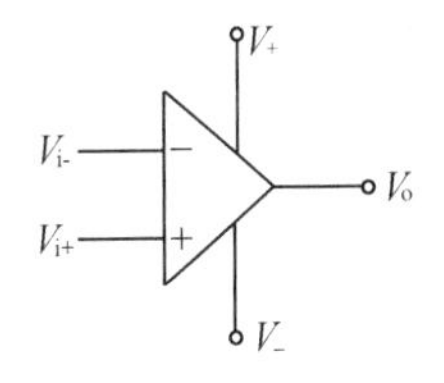

图4　一个运算放大器的引脚图

LM324的参数描述如下：运算放大器类型为低功率；放大器数目4；带宽1.2 MHz；针脚数14；工作温度范围0～＋70 ℃；封装类型SOIC；3 dB带宽增益乘积1.2 MHz；变化斜率0.5 V/μs；器件标记LM324AD；增益带宽1.2 MHz；工作温度最低0 ℃；工作温度最高70 ℃；放大器类型为低功耗；电源电压最大32 V；电源电压最小3 V；输入偏移电压(最大) 7 mV；高增益频率补偿运算；额定电源电压15 V。

LM324具有以下特点：① 短路保护输出；② 真差动输入级；③ 可单电源工作：3～32 V；④ 低偏置电流：最大100 nA；⑤ 每封装含四个运算放大器；⑥ 具有内部补偿的功能；⑦ 共模范围扩展到负电源；⑧ 行业标准的引脚排列；⑨ 输入端具有静电保护功能。

2. 参数确定。

如图1所示，对电路的工作状态分析如下：

(1) R_{W1}组成分压电路，形成V_+；R_1、R_2、R_3、R_4组成分压电路，形成V_{1A-}、V_{1B-}、V_{1C-}。

(2) 当$V_+ > V_{1C-}$时，U_{1C}输出高电平，LED X_4亮。

(3) 当$V_+ > V_{1B-}$时，U_{1B}、U_{1C}输出高电平，LED X_3、LED X_4亮；

(4) 当$V_+ > V_{1A-}$时，U_{1A}、U_{1B}、U_{1C}输出高电平，LED X_2、LED X_3、LED X_4亮。

计算并分配好R_1、R_2、R_3、R_4，形成不同区段电压比较范围，可以实现对LED X_2、LED X_3、LED X_4的控制作用；R_{W1}起调节V_+的作用。

对应的阻值参数计算如下：

(预设$R_{总}=R_1+R_2+R_3+R_4=4\ \text{k}\Omega$；$R_1=762\ \Omega$；$R_{W1}=3.5\ \text{k}\Omega$)

温度为20 ℃时，$R_T=3.506\ \text{k}\Omega$；$\dfrac{R_4}{R_{总}}V_{CC}\leqslant\dfrac{R_{W1}}{3.506+R_{W1}}V_{CC}\Rightarrow R_4=2\ \text{k}\Omega$

温度为40 ℃时，$R_T=1.643\ \text{k}\Omega$；$\dfrac{R_3+R_4}{R_{总}}V_{CC}\leqslant\dfrac{R_{W1}}{1.643+R_{W1}}V_{CC}\Rightarrow R_3=722\ \Omega$

温度为 60 ℃时，$R_T=823\ \Omega$；$\frac{R_2+R_3+R_4}{R_总}V_{CC}\leqslant\frac{R_{W1}}{0.823+R_{W1}}V_{CC}\Rightarrow R_2=516\ \Omega$

三种状态：

$$V_+=\frac{R_{W1}}{R_T+R_{W1}}V_{CC}$$

$$U_{1A}: V_{1A-}=\frac{R_4}{R_1+R_2+R_3+R_4}V_{CC}$$

$$U_{1B}: V_{1B-}=\frac{R_3+R_4}{R_1+R_2+R_3+R_4}V_{CC}$$

$$U_{1C}: V_{1C-}=\frac{R_2+R_3+R_4}{R_1+R_2+R_3+R_4}V_{CC}$$

3. 仿真结果。

仿真实验中使用一个 10 kΩ 的滑动变阻器代替热敏电阻。图 4 为仿真结果。仿真结果显示，在滑动变阻器 R_T 分别取 3 000 Ω、2 500 Ω、1 500 Ω、700 Ω 时，灯依次亮起，与 2 中所计算的参数相吻合。

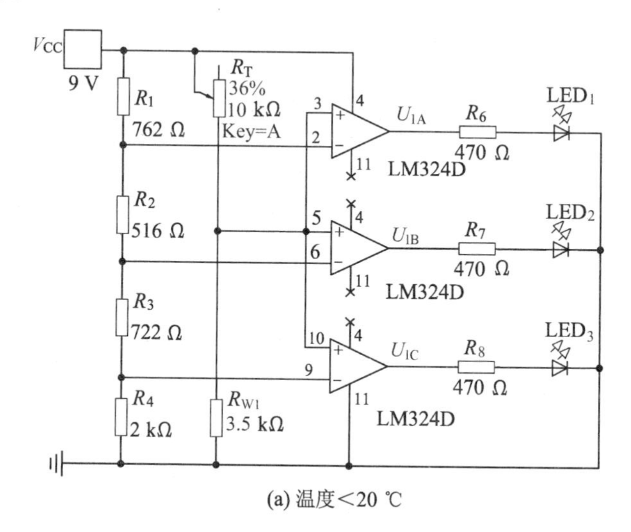

(a) 温度<20 ℃

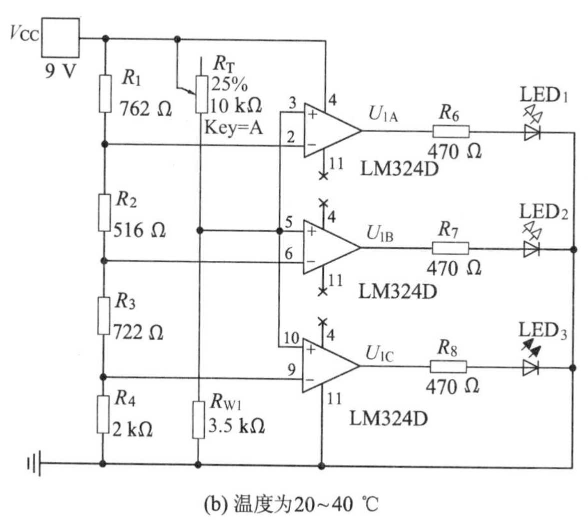

(b) 温度为20~40 ℃

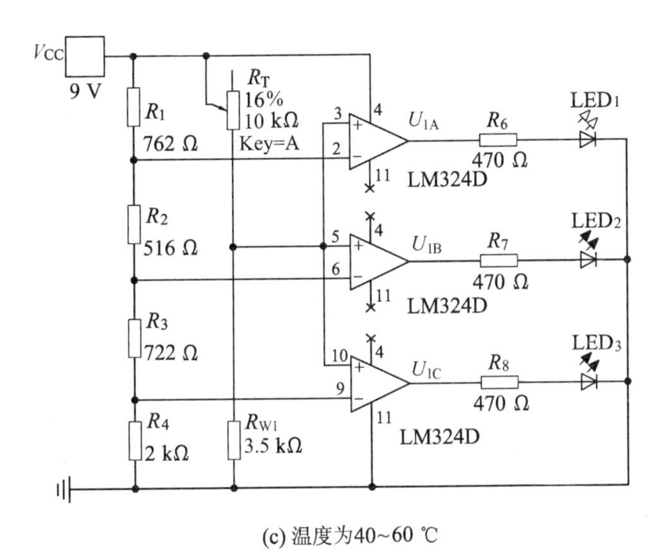

(c) 温度为40~60 ℃

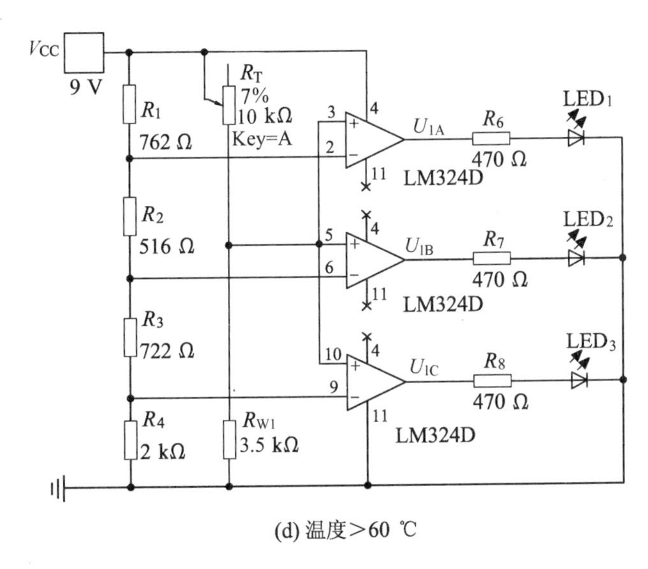

(d) 温度＞60 ℃

图4 仿真结果

4. 实际电路及测量结果。

根据以上仿真电路，制作实验电路板。电路板制作完成后，接上电源与地线，验证电路功能。调整代替热敏电阻的电位器 R_T 的阻值，随着阻值的不断变小，LED灯按顺序依次亮起。经对照，该电路实现了实验要求的功能，进一步可将热敏电阻接入电路。图5为实际电路测试效果的实拍照片。

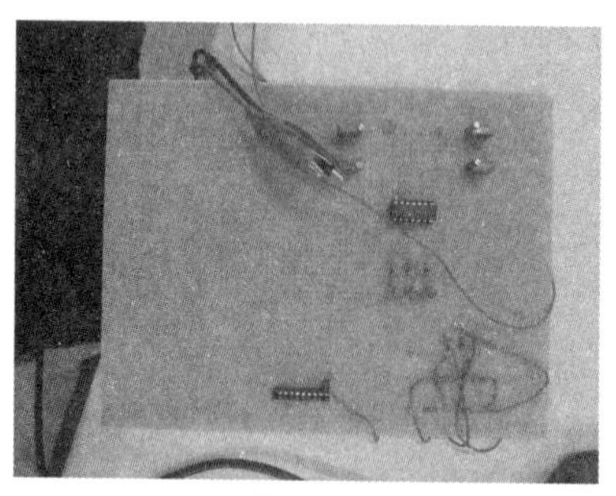
(a) 温度<20 ℃

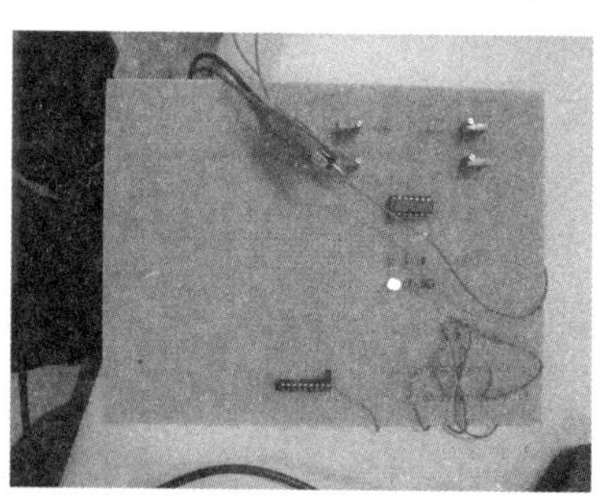
(b) 温度为20~40 ℃

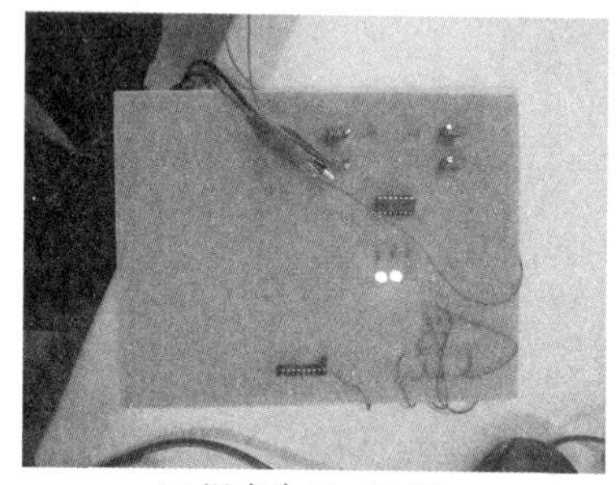
(c) 温度为40~60 ℃

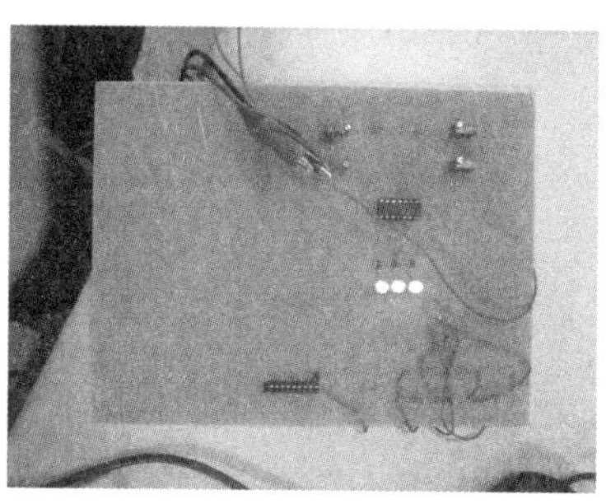
(d) 温度>60 ℃

图 5　实际电路测试效果

5. 利用 Altium Designer 软件绘制所设计电路的 PCB 版图(图略)。

三、分析与结论

本实验完成了温度监测与报警电路的原理图设计、仿真、实物制作及测量。效果比较理想。但电路总体功能简单,后续可以加入单片机控制及显示电路,实现一个更为完整的温度测量与显示报警电路。在实验过程中还发现以下一些现象。

1. 设置热敏电阻的阻值为 3.506 kΩ 时,灯都不亮;设置热敏电阻的阻值为1.643 kΩ 时,只有一个灯亮;设置热敏电阻的阻值为 823 Ω 时,只有两个灯亮。刚好满足任务要求,即温度大于 20 ℃时,一个灯亮;若温度等于 20 ℃,三个灯都不亮。也就是临界温度时,仍能满足不亮的要求。

2. 当热敏电阻的阻值为 3.506 kΩ 时,三个灯都不亮;当阻值降为 3.5 kΩ 时,一个灯亮,阻值变化 6 Ω;当阻值为 1.643 kΩ 时,只有一个灯亮;当阻值降为 1.642 kΩ 时,两个灯亮,阻值变化 1 Ω;当阻值为 823 Ω 时,只有两个灯亮;当阻值降为 822.9 Ω 时,三个灯全亮,阻值变化 0.1 Ω。所以,温度越高,该温度检测器的灵敏度就越高。

参考文献

[1] 邱关源.电路[M].5版.北京:高等教育出版社,2011.

[2] Robert L. Boylestad.电路分析导论[M].12版.陈希有,张新燕,李冠林,等译.北京:机械工业出版社,2014.

[3] 管致中,夏恭恪,孟桥.信号与线性系统[M].6版.北京:高等教育出版社,2015.

[4] 郑君里,应启珩,杨为理.信号与系统[M].3版.北京:高等教育出版社,2011.

[5] Alan V. Oppenheim, Alan S. Willsky, S. Hamid Nawab.信号与系统[M].2版.刘树棠,译.北京:电子工业出版社,2020.

[6] 康华光,陈大钦,张林.电子技术基础(模拟部分)[M].6版.北京:高等教育出版社,2014.

[7] 童诗白,华成英.模拟电子技术基础[M].3版.北京:高等教育出版社,2001.

[8] 王骥,宋方,林景东,等.模拟电路分析与设计[M].3版.北京:清华大学出版社,2020.

[9] Donald A. Neamen.电子电路分析与设计:模拟电子技术[M].4版.北京:清华大学出版社,2018.

[10] 吕波,等.Multisim 14电路设计与仿真[M].北京:机械工业出版社,2016.

[11] 白玉成.基于MULTISIM仿真电路的设计与分析[D].哈尔滨:哈尔滨工程大学,2011.

[12] 罗志高.基于Multisim仿真的*RLC*串联稳态电路实验设计与实现[J].大学物理实验,2021,34(1):100—104.

[13] 朱延枫,周志强,耿大勇.Multisim在电子技术设计性实验中的应用[J].实验科学与技术,2016,14(6):106—109.

[14] 章小宝,陈巍,万彬,等.电工电子技术实验教程[M].重庆:重庆大学出版社,2019.

[15] 张立立,杨华,孟祥博,等.基于Multisim的振幅调制解调系统的设计与仿真[J].实验技术与管理,2017,34(12):125—127,171.

[16] FLUKE 15B&17B数字万用表用户手册,2002年3月.

[17] 三路可编程直流电源供应器IT6302用户手册,2014年12月.

[18] DG1000Z系列函数/任意波形发生器用户手册,2016年10月.

[19] MSO2000A/DS2000A系列数字示波器用户手册,2022年2月.